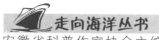

走向海洋丛书

安徽省科普作家协会主编

闯荡海洋

吉 国 著

走向海洋丛书编辑委员会

ARCTIME
时代出版传媒股份有限公司
安徽教育出版社

图书在版编目（CIP）数据

闯荡海洋 / 吉国著. —合肥：安徽教育出版社，2014.12
（走向海洋丛书）
ISBN 978 - 7 - 5336 - 8024 - 4

Ⅰ.①闯… Ⅱ.①吉… Ⅲ.①海洋调查－普及读物
Ⅳ.①P71－49

中国版本图书馆 CIP 数据核字（2014）第 311614 号

闯荡海洋
CHUANGDANG HAIYANG

出 版 人：郑　可
质量总监：张丹飞
策划编辑：杨多文
责任编辑：周　佳
装帧设计：何宇清
责任印制：王　琳

出版发行：时代出版传媒股份有限公司　安徽教育出版社
地　　址：合肥市经开区繁华大道西路 398 号　邮编：230601
网　　址：http://www.ahep.com.cn
营销电话：(0551)63683011,63683013
排　　版：安徽创艺彩色制版有限责任公司
印　　刷：合肥创新印务有限责任公司

开　　本：650×960　1/16
印　　张：14
字　　数：200 千字
版　　次：2015 年 12 月第 1 版　2015 年 12 月第 1 次印刷
定　　价：29.00 元

（如发现印装质量问题，影响阅读，请与本社营销部联系调换）

序

海洋是什么？生命的摇篮，风雨的故乡，资源的宝库，人类文明的演绎场。

人类生存的星球是蓝色的，地球表面大都为海水所覆盖。在这个蓝色星球上除了陆上世界，还有一个人类目前尚无法深入的海洋世界。

中国既是一个大陆国家也是一个海洋国家，中国有 18000 千米的大陆海岸线，6500 多个岛屿。这些形态各异的岛屿与大海相拥，拥翠叠绿，把中国近海点缀得如诗如画。中国有宽度为 12 海里的领海、24 海里的比邻区、200 海里的专属经济区以及大陆架等管辖海域。

中国是最早开发海洋、利用海洋和从事航海事业的国家之一，在人类历史上写下了光辉的篇章。新中国成立后，随着社会主义建设的深入开展以及改革开放以来海洋科技的进步，中国海洋经济得到了快速发展。与世界发达国家一样，开发利用海洋已成为当前中国一项日益突出的重要任务。

海洋具有特殊的战略地位，它不仅是世界各民族繁衍生息和持续发展的空间，也是强权政治和霸权主义垂涎的战略要地。争夺海域管控权、海洋资源管辖权、海峡通道控制权,已成为国际海洋竞争的重要内容。

与众多海洋国家一样,海洋是我国重大国家利益之所在。岛链是天然的海防前哨,是国家安全的重要屏障。目前,我国海上安全形势严峻而复杂。维护我国的海洋权益已成为中国的必然选择,建设海洋强国已提上了国家战略日程。

一个国家的海洋发展战略是该国国民海洋意识的集中体现。因此,我们每一个中国人都有义务和责任了解中国海,认知中国海,关注中国海。

海是一本大书,它的内涵是那样广博,那样深邃。海洋从业者,无论是渔民、船员、水兵、科考队员,还是其他闯荡海洋的人,都只能从一个小小角度去翻读海洋。

21 世纪的中华民族,这个成长起来的巨人,回首跋涉了几千年的足迹,才猛然发现始终执着奔向的东方竟是一片蔚蓝色……在远古时期,自然界是生命的舞台,奠定了人类诞生的基础;人类诞生后,自然界是人类的舞台,演绎了人类文明的进程,人类从朴素和幼稚地崇拜自然,走向了科学认知自然,并进而创造了文化。我将同读者在《寻梦中国海》和《对话中国海》中一起去翻读中国海的历史,去品味海洋文化的魅力。

人类想深入那个蓝色神秘的海洋世界,探知那个缤纷世界里的生命及其一切,于是海洋调查诞生了,这是海洋科学最基础的研究。一个以海洋调查为业的科考队员,将在《闯荡海洋》中告诉读者他眼中和心中的海洋是什么样的。

面对海洋,人类必须拥有知识的力量,文化的力量,情怀的力量。对于中国海,知识与文化是建设海洋强国的需要,更是海洋事业的需要,也是中华民族伟大复兴的需要。这是来自未来的呼唤。

李明春

2014 年 8 月 12 日于青岛

目 录

引子

人生是短暂的,思考是长久的。

思考过后便有了感悟,而感悟是一种哲学的思考。

今天,距离我参加"海龙号"深海作业型水下机器人(ROV)南海海上试验还有半个多月的时间,不知道为什么,近来总有一种很强烈的感觉在久久地缠绕着我。我曾经出海①无数次,随海洋调查船远行出差,如家常便饭一样,可是现在总是感到出海已渐渐地离我远去了,一种失落感向我袭来。

对于一名专业的海洋调查队员来说,通常并不很向往出海,因为出海对于我们来说并不容易,不像电影里那样富有浪漫和激情。海上生活并不舒服,有时甚至是很遭罪的。出海不但要出力吃苦,经受风吹浪打、酷暑严寒,还要经历晕船呕吐、承受孤独寂寞。出海,出力,不分昼

---

① "出海"是海洋调查队员的习惯用语,是我们对到海上进行现场调查工作的简称。

夜地干活是海洋调查队员海上工作的基本内容，就像上班族要乘公交车、要骑自行车一样，都是每天工作必须要经历的套路。

2005 年，"大洋一号"科考船开始我国首次环球大洋科考（2005 年是郑和下西洋 600 周年），有人约我们出海的每人写一句话作为纪念。我看着留言册上各种各样的官话、套话和祝福的话，想了许久以后，我才拿起笔来十分郑重地写了一个大大的"静"字。海洋科学是一门实践的科学，是一门探索占有地球表面积七成以上的水域、了解人类未知世界的科学。这就需要从事海洋科学研究的人平心静气、耐得住寂寞、求真务实。

2009 年后，我基本上停止了出海的脚步，从一名出海者，变为了出海者的送行人。站在船上注视着码头上渐渐远去的为你送行的人，与你站在码头上看着马上就要出海的人，那是两种完全不同的感受。

在几十年的时间里，我国海洋调查有起有伏，有兴有衰。我亲身感受了我国海洋调查和技术装备发展壮大所经历的艰辛，亲历了海洋调查和技术装备发展的困难和尴尬局面；经历和实践了我国海洋调查作业技术步履艰难的改进、徘徊与迷茫；见识了中国海洋人走向深海大洋、走向世界的勇气、力量和智慧，以及他们所经受的挫折与失败。同时，也深深体会到我们需要加快提高全民族海洋意识的步伐，需要下大力气来推广和弘扬中国的海洋文化，需要强化对海洋的科学认识，而不是人为地臆想与推测。我们应该从地球的角度去理解我们赖以生存的大洋深海。同时我更深深地感受到作为一名海洋科学调查的从业者，不仅应该自觉、真诚地敬畏大自然，为了后人还应该有一点文化自觉。

在中国海洋调查经历了从近海走向远洋深海即将成为"蓝军"之时，我们是否有必要先静下心来，从哲学角度审视和思考海洋调查和技术装备的发展历程呢？

人生是短暂的，思考是长久的。是大海让我思考人生，思考之后有了一些感悟,而品味这些感悟便是一种哲学的思考。但是该从哪里说起呢?于是我以自己考上大学开始了解什么是海洋,知道要了解海洋需要高深的数学功底,并投身其中进行海洋观测为起点,按照时间的推移,回顾了从20世纪80年代初到21世纪前十年,我所经历的各个时期的海洋调查事件,以及在自己亲历中的感受与感想。

我自问自答地思考着,记录着,试图从文化和哲学的角度而不是从技术层面上来找出一些答案,但最终我还是觉得自己或许并没有找到什么。在这条时间与我不断实践和成长的轴线上,但愿我能真实地记录下不同时期的事件和我的感悟与感想,或许能为读者提供一点思考的线索。

在这里我想先说几句感谢的话:首先我要感谢我的父母、妻子、儿子和我工作、成长、生活的大家庭,他们给予我的支持和信任是十分巨大的,这些支持和信任让我终生难忘,成为鼓励我努力工作的不竭之源。我还要感谢真诚教育、培育过我的师长和朋友们,是你们给予了我战胜困难的力量、勇气、能力、思维和技能。我还要感谢与我共同奋斗过的同事和兄弟们,感谢你们对我工作的支持、理解和无私的帮助,才得以成就我们共同的海洋调查事业。我更要感谢曾经支持过海洋调查和我国大洋深海工作的所有社会力量,尽管他们没有直接从事海洋调查等科学考察,但他们所表现出的社会责任感与诚信就是对子孙后代的贡献。

最后,我想要感谢那些曾经带给我困境或逆境的人,不管他们是有意还是无意,都曾激励过我的斗志,让我不再懒惰,也让我感受到走过困境、逆境后所特有的快乐。每到这时我总会对着大海默默地对自己说:什么是海纳百川?因为,大海善于和敢于忘记,过去的事情都是过眼烟云。忘记过去,忘记胜负,忘记得失,一切都是一个新的开始,都是一片新的天地。

最初的两次出海

　　俗话说得好：上"贼"船容易，下"贼"船难。

　　当年，我稀里糊涂地上了"海大"（中国海洋大学，简称"海大"）。首次出海就领教了海洋调查的艰辛，第二次又赶上处理海洋石油灾难事故的善后工作。

稀里糊涂的高考

　　1956 年，我出生在山东省省会济南市，并在那里长到了 22 岁，中学就读于济南第 22 中学（即现在的山东省实验中学）。高中毕业后赶上知识青年上山下乡，但遇到了家中老大可以留城的新政策，在我上海大前已经是一名印刷厂的工人（当时有很多同学成了知青）。

　　1977 年我参加高考，现在看该算是有些稀里糊涂地上了大学，很久以后我才知道刚恢复高考那年的入学比例是 21:1。我真为自己庆幸,庆幸的不是我考得好,实属是我运气佳。我母亲常对我说:"我们家的好事都被你沾上了,高中毕业时你下乡的东西都给你准备好了,你考上大学,受教育程度就与你父亲一样了。"

我父亲是学药学的,毕业于南京药学院。在那个年代我听父亲说中国只有两所药学院,印象中另一所药学院在北方。父亲是中国药学会理事,也是"文革"之后山东省还健在的两名中国药学会理事之一,一直担任着山东省药学会秘书长直到去世。父亲非常敬业,他的敬业精神、忘我的工作热情、对事业的执着追求都深深地影响了我,以至于后来我被妻子称为"工作狂",这也是我经常听到母亲说父亲的话,我还被同事们戏称为"老黄牛"。

我在高考时能看出父亲希望我去学医,继承他热爱的药学,但是我很小就跟着父亲值班住在医院里,对医院有着奇特的感受。有时遇到做手术,病人家属们哭哭啼啼,让我心里感到很不舒服。

我能考上大学应该感谢工厂的师傅们,他们不仅自己对技术精益求精,干活不偷懒,也要求徒弟们如此。可是,在高考复习的两三个月里,师傅几乎没有让我干多少活。我一个人躲在暗室里看书,车间主任也睁一只眼闭一只眼。那时没有复习材料,甚至连像样的教科书也找不到,我高考复习时看的书不是从父亲书架里找出来的,就是从姨夫那里借来的,多是一些翻译苏联的教科书。我姨夫是山东工学院的老教授,是山东计算机和微电子机床数字控制的先驱。高考时我想报考"山工",姨夫说:"考'山工'没有出息,应该学计算机或者水声。"

那时我才知道青岛有个山东海洋学院,可并不知道什么是水声。曾听人说:"山东海洋学院毕业的学生,在济宁'玉春堂'腌咸菜。"在我拿到通知书时,上面写的(当时录取通知是手写的)不是水声而是水文专业。起初以为写错了,是笔误。听说"老虎"(中学同学)的父亲知道一些"水文"的事，我马上去了他家。但听他父亲说完了，我还是没有明白什么是水文专业，仅知道是与海水打交道的专业。

直到现在我还十分清楚地记得我去青岛上学时的情景。临行前的晚上，陈叔叔开着工厂里唯一一辆嘎斯69吉普车，顶着漫天的大雪，慢慢地行驶在无人的大街上送我到了火车站。车上很挤，我唯一的行李是一支母亲新买的帆布箱，挤进列车我就再也走不动了。列车起动后，雪花从门缝里灌进来，不久我半个身子布满了雪，一半冷一半热，我站在车门口一直到了潍坊才被挤进了车厢里。到青岛站时已经天色大亮，济南到青岛400公里，当时要跑8个多小时。

母亲之前对我说了好几遍，反复地嘱咐我青岛路不直，弯弯曲曲，不分东西南北容易迷路。母亲也是学药的，齐鲁医专毕业，在青岛工人疗养院工作过好几年，对青岛还是很熟悉的。记得小时候母亲经常给我们讲起青岛，讲到青岛工人疗养院里住的苏联专家，讲到曾为我医治好婴儿瘫的日本医生黄井。那时的青岛很小，可是啤酒已经很普及了，散装啤酒两分钱一碗，自己盛，钱放到边上的碗里。母亲说，那时没有喝了不投钱的。夏天，她们到海水浴场去洗海澡，拿着床单捞海蜇。母亲觉得青岛要比济南开放，青岛人爱穿，乐于接受外来文化，不像济南人传统保守，讲究吃。

我提着箱子，按着母亲指点的路线，沿着海边很快就走到了海洋学院鱼山路校门，一点也没有感到青岛的路难找。报完到，辅导员领我们去3号楼的宿舍，我安顿好床铺打算出去看看校园。出门走下大斜坡，眼前出现了四条路，我发觉自己站在五条路的交汇口处。过来时我并没有注意，只记得是向右转上的楼，于是我向左转。走了一段后发觉不像来时的路，再走下去则到了二校门。问问看门的老大爷，才知道鱼山路是一校门，在左边的山上面，大爷还指了指高处的六二楼，那是我报到的地方。母亲说得对，青岛的路确实不好认。再回到宿舍，竟然见到中学同学孙晓刚在等我,我们不仅是高中同学还是队友,都在校队打篮球。晓刚说:"我在报到时看到了你的名字,我想同名同姓从济南来的该是你吧,果然没错。"真没想到我们在济南好几年都没有见过面,竟在青岛遇上了。晓刚考上了海大化学系。

第一次出海

开学第二天,我与同宿舍的郝春江去了趟海边。记得那天很冷,海边没有人,我看着碧蓝的海水有些想家,因为长到这么大我还是第一次一个人远离父母来到异地。走到临海的岩石边上,我们捧起冰凉的海水喝了一点,亲口尝了尝略咸带苦涩味的海水。

当年学校的伙食很便宜,每月伙食费7元左右(当时工人月工资二三十元)。学校的生活补助费不多,经班委讨论后做出了一个决定:只有农村来的同学才可以得到学校发的生活补助,除此之外均不在考虑范围以内。在那个年代,学校食堂伙食不好是很自然的事,尤其是冬天,顿顿都是白菜、萝卜、土豆。有时我们去买小包的辣椒面,简直是一辣解百馋。有时因为下午活动的时间长了,去食堂晚一些没有什么菜了,干脆就买上两三个馒头,回到宿舍加点白砂糖对付一顿了事。

大学生活短暂、紧张而充实,很快就过去了。按照安排毕业前我们要进行海上实习,去石臼所(山东省日照市石臼港)参加海上观测。我们是乘船去石臼所的,一上船我就感到这船有些似曾相识,让我想起儿时的一次经历。有一次我随父亲回莒南老家,回济南时父亲没有领我走陆路,而是从石臼所乘船经青岛回到济南。当时,日照与石臼是两个地方,从日照下汽车后要走十来里路才到石臼。在石臼我第一次见到大海,海水非常清澈,是我第一次也是仅有的一次见到在海里游动的带鱼,它身上闪着银白色的光,不是头在前尾在后,而是向上倾斜着身体近乎直立(有一点像海马),向前游动的速度看上去很快。

虽然已经记不清楚乘船时我有多么兴奋了,第一次乘船我也并没有晕船,但那条老船的一些特征还是深深地留在了我的记忆里。那也是我第一次来到青岛,只记得父亲领我从码头沿着一条僻静的小路走到火车站,路不远,可一路上几乎没有见到什么人。海边的栈桥也并没有给我留下什么印象。

我们实习乘船的那天天气还好,尽管过了十多年的时间,这条船与我儿时乘过的船几乎是一模一样。开船后才感觉到海风还是比较大,我们就都去了下层舱室。那是一个很大的通舱,没有座位,地面上是凉席,大家席地而坐,里面横七竖八地挤了很多人。不久就感到船开始摇晃起来,刚开始还好,逐渐我感到了不适,但还能够坚持。这时,上船时的兴奋和交谈逐渐减少了,记不清我闭着眼躺在船舱里坚持了多长时间,感到好久都没有人说话了,只听到发动机的噪声。不多会儿开始有人呕吐,呕吐物混杂着柴油的气味很难闻,我闭着眼继续坚持着。不一会儿,一个实在挺不住的人(不记得是同学还是乘客)就在我的边上吐了,我很快也被引得吐了出来。

我们实习使用的是当地的渔船,测流仪器是现在已经没有了的指针式直读海流计。按照海洋调查规范,观测要持续一个昼夜,观测记录要超过 26 个小时。我和另外两个同学值夜班,傍晚时上船,每半小时要读一次观测数据,一直到次日早上才会有人来接替我们。渔船很小,上半夜还好,船摇摆得不怎么厉害,下半夜起风后船摇摆的幅度大多了。摇晃的时间一长,感觉越来越不好受,尤其是每一次读数,煤油灯的烟味很刺鼻。不多久我们三个人相继开始晕船,每次轮到我提着煤油灯凑近设备指针去读取观测数据时,我就要在煤油味的刺激下呕吐一次,在观测间隙的半个小时里还没有等我缓过劲来,又到了下一个观测时间，接着就是再一次的呕吐。再后来已经没有东西可吐了，只是干呕。

我已经不记得当时在想什么了，可能是盼望着天能早点亮，早一点结束我们的观测，早一点来人接替，好让我们能快一点上岸吧。尽管很难受，不过整整一个晚上我们仨总算是挺了过来。天亮后不久，我们终于被接上了岸。靠岸以后，我和初易俭同学逐渐好受多了，已经不再呕吐，可是杜子芳同学晕得实在不行了。回到住处，他躺在床上也不敢睁眼，总感到房子还在不停地旋转，床也似乎在不停地摇晃，喝进去的水一次又一次地被吐出来，半天后才缓过来。

第二次出海

第二次正式出海是我在烟台工作时。1982 年 6 月，大学毕业后我被分配到了交通部烟台海难救助打捞局（简称"烟台救捞局"）的救捞处救捞科。在我之前救捞科有三名科长两名科员，现在加上我正好是三比三。

我到烟台救捞局不到半年就赶上了一次出海。那次出海是为了打捞翻沉在渤海中部的"渤海 2 号"钻井平台。刚好赶上了海洋石油海难事故的善后，一去就是三个多月的时间。当我回到陆地时，第一个感觉是青草和树叶的味道非常刺鼻。

"渤海 2 号"钻井平台几乎是大头朝下翻到了渤海中心，那是我国海上石油的一次重大灾难。事故发生在寒冷的冬季，数十人丧生。为了打捞"渤海 2 号"，救捞处需要组织专业人员做很多的计算进行打捞工程设计，也包括绘制很多施工图纸。因工作需要我也看了些机械制图的书，其实当时也没有用上多少，没想到事隔 20 多年后在我管理"大洋一号"船海洋调查设备时却派上了用场。没有白学的东西,也没有白下的功夫。尽管"大洋一号"船上的海洋调查设备从艺术角度看比不了手机,可是当你端详(而不是看)一个经典的海洋调查设备时(比如:颠倒采水器,机械 BT、"海龙号"ROV、"蛟龙号"载人潜水器),难道你真的不认为这里面也包含着很多艺术元素吗? 在这些设备的设计和研制过程中,那些北欧的和中国的艺术元素已经被设计师和工程师们自觉或不自觉地加以应用了。

打捞"渤海 2 号"的海上工作船是一艘自身没有动力的浮吊,看上去几乎就是漂浮在水上的一个大方盒子,可起吊 200 吨,当时我感到已经很大了,但他们告诉我这不算什么。浮吊靠拖轮拖带到作业海区,由四个角上的大锚、强有力的锚机和钢缆来就位,浮吊被稳稳地固定在"渤海 2 号"上方。

在船上我的工作比较单一,每天分几个时段收听和记录收音机里中央、山东、天津、河北、辽宁和大连等地无线电台的天气预报,把天气预报和当日潮汐的涨落时间写在黑板上。在潮流流速较大时(如阴历初一,十五前后几天),观测一下表层流速,并报告给正在指挥下潜的负责人。当时船上有一百来号人,90 多名潜水员和与下潜直接相关的工作人员,不分昼夜地分班次下潜。在水下每班工作 30 分钟左右,身体状况好的潜水员可以工作接近一个小时。按照规定,每名潜水员两次下水至少需要间隔 24 小时以上。要保持救捞工程连续作业,这就需要很多的潜水员轮番下潜。

一般情况下,一名潜水员在水下仅能切割几厘米到十几厘米长,下一名潜水员要接着前面的切口继续切割下去,循环往复。可是在水下几乎是摸黑作业,切口不仅弯弯曲曲,上上下下,而且也不太连续。按照设计需要切割支柱一整圈,然后,按照预定位置在沉箱的箱体上和箱体的内部为穿过起吊钢缆切割开口,再由水下爆破彻底地切断四根支柱,最后吊起箱体。

打捞作业海区几乎就在渤海的正中央,水深接近 30 米,各种水下作业都要由重装潜水员来完成。重装潜水服十分笨重,潜水帽也很重,要用螺栓拧紧在潜水服上,铅鞋和铅腰带都很重,要靠这些重量来抵消人体的排水量,使潜水员不至于漂在水上(漂在水上就无法干活了)。这些装具仅靠潜水员自己是穿戴不上的,需要助手协助,可是助手的任何一点失误都可能危及潜水员的健康,甚至是他的生命,他们之间以命相系,是真正的兄弟。

有一次,烟台来的补给船靠帮①,又正好在下潜的一侧,眼看补给船向呼吸气管挤压过来,助手们急了,一边声嘶力竭地呼喊着让船向后退,一边不顾自己掉到海里会被挤压的危险,用尽全力推开补给船。有两个助手赶紧将气管拉向远处以防被挤伤。那种声嘶力竭的吼叫,让人震撼,似乎他们不是竭尽全力在推开船,而是拯救自己兄弟的生命。

下潜和上浮都需要逐步加减压,人要顺着绳子分阶段,按照潜水医生(以下简称"潜医")的要求下潜,仅是这个过程就要耗费不少时间。潜水员到达作业面后,尽管他们头盔上有灯,但在水下照不到多远距离。渤海海底的水很浑浊,潜水员们几乎就是摸黑作业,不仅耗费很多体力,也随时会有危险。他们在出水过程中尽管都按潜医要求减压上浮,出水后仍要尽快进入减压舱减压。如遇到身体不适时,减压是一个很痛苦的过程,有时他们实在坚持不住了,就重重地敲击几下减压舱壁,潜医听到后会暂停一会儿,让他们暂时缓解一下,过一会儿还要继续按照规定进行下去。他们必须要挺得住,否则图一时好受会得病。因为潜水呼吸所用的饱和气体中的氮气会残留在血液里,累积多了,残留时间长了,就会有很多病理反应,会得潜水病(一种职业病)。

---

① 是两条船在海上相互靠在一起的俗称。

在平台翻沉的船舱里,会有一些没有跑出来的空气被压缩到舱内的某一个角落里,30米深的海水大约有三个大气压力,一旦突然被释放,比自来水管断裂时水喷出的力量还要大。有一次一名潜水员刚好遇到了被压缩的空气,在不到一个手臂的近距离上,压缩空气突然释放出来,一下就把潜水头盔面罩的玻璃击破,把潜水员的下巴打了一个口子,几乎把他打晕了。

在边上作业的另一名潜水员立刻过去搀着他上浮,还要不断地帮他放气,防止他被放漂①。当受伤潜水员回到船上,七手八脚解开他的潜水衣时,只见他脸和前胸都是血,已经分辨不清楚哪里是伤口。潜医立刻陪着他进入减压舱,一边减压,一边给他处理伤口。但他毕竟不是潜水员,没有他们良好的身体素质,潜医出来时满头大汗。他在交代给其他医生伤口处理情况时,说话的声音特别大,我感到几乎就是在喊,但他自己并不知道。他耳朵里听到的全是嗡嗡的低频声音,半个多小时后才能模模糊糊地听到我们的话音,但耳膜还在疼。

一天中午,海上起了大风,并持续强劲,风吹在海面上,波浪不久就变高,波峰被劲风削平又吹散开来,泛着白色的泡沫落下。四个角上固定浮吊的钢缆一会儿绷得很紧,一会儿有些松弛,不时发出低沉的摩擦声,有经验的船员知道已经快要走锚②了,要赶紧起锚避风。

值班拖轮开始在大风中向浮吊慢慢地靠近,准备带上拖缆。风还在不断地增大,当拖轮接近浮吊时,水手们一起抛出缆绳,可是距离较远,浮吊上的人接不到。我们从浮吊上看过去,后半个拖轮几乎是埋在

---

① 是在甲板上通过气管向下送气时,重装潜水员要用摆动头来触动放气阀,以保持潜水服里的空气数量。如果只充气不放气,人就会一下子漂到水面上,这样上浮得过快,迅速减压会危及潜水员的生命。

② 是指锚的抓力不够,当船舶受到风流等外力的总和大于锚和锚链产生的抓力,船锚就会在海底移动,船舶的锚已经对船舶起不到固定的作用了,船舶的位置也随之发生移动,船舶就会随着风流漂泊并在海中移动。

海水里面，一个海浪从侧面上来还没有来得及流出去，下一个浪又接着涌上来了，拖轮上抛缆绳的船员几乎就是站在海水里。拖轮几次靠近都没有成功，就这样拖轮绕着浮吊转了好几圈。每一次拖轮转向，船都要侧着浪航行，拖轮这时摇摆得更加厉害，侧向摇摆有三十多度，后甲板上全都是海水，几乎看不到甲板面。最后总算是带好了拖缆，拖轮开始拖着浮吊向龙口港锚地缓慢航行，此时日头已开始偏西了。

浮吊的干舷很高，就像一个方方正正的盒子漂在海里，在大风浪里摇摆的周期很长，也就是说摇摆得慢，但幅度可不小，让人感到好像要回不来一样。放在甲板面上的工作艇开始移位，撞掉了船舷边上通风孔的帽子，一个大浪打上来，海水顺着通风孔灌进船舱里。我是第一次见到这么大的风浪，前几次风浪，浮吊靠着拉紧的钢缆，稳稳地漂浮在波浪里，这次不行了，还是老天厉害，不让你干的时候，你就必须躲到一边去。

我和其他几个人站在船边上用帆布蒙住破损的通风孔，再用绳子扎紧。随着船的摇摆，我感觉一会儿能伸手触摸到海水，一会儿又好像站在房顶上，离开海面好远。当堵好后，我全身已经被扑上来的海浪湿透了，尽管这是我第一次在风浪里站在船的边上干活，但我心里并没有感到害怕，也许是过于紧张已经忘记了害怕吧。我们是在龙口锚地避风。远远看去当时的龙口港很小，只是港口边上有一些低矮的建筑。

当大风过去，浮吊再次被拖回到原地重新完成就位后，我们已经要接近工程的尾声。浮吊开始工作了，从穿绳子开始，用绳子拉一条细的钢缆，而后用细钢缆再去拉过来粗一些的钢缆，直到最后分别穿上四条起吊用的直径九英寸粗的钢缆。这是我见过最粗的钢缆，打了弯后，要将直就得用大锤击打。在一切准备工作就位后，一条起吊能力 900 吨的自航浮吊，开始用钢缆吊起"渤海 2 号"的上层建筑。九英寸粗的钢缆中间夹着浸过油的麻绳，在巨大拉力的作用下，钢缆变细，麻绳里的油被收紧的钢丝挤压出来，顺着钢缆向下流淌，钢缆发出让人听上去感到十分恐惧的低沉声响。

不多时，"渤海2号"的上层建筑被慢慢地吊出海面，有些钢缆已经撕开钢板，一直滑到了船舱的加强筋处。"渤海2号"仅仅在海里待了两年就已经成了一块大鱼礁。上层建筑被吊出水面后，我们眼巴巴地看着手掌大小的螃蟹爬来爬去，再一只接着一只地掉回到海里；沉箱上的扇贝也有手掌大小，后来听水手们说这些扇贝吃起来有一点柴油的味道，看来一次污染会影响好长一段时间。至此，"渤海2号"的打捞工程基本结束，航道障碍清除，但是"渤海2号"仍有四根连接支柱深深地插在海底的淤泥里，永久地留在了渤海的中央。我们仅仅是见到了一个残缺不全的"渤海2号"的上层建筑。

人类在数百年里不断地与海洋抗争，曾经沉没的船只不计其数，这是我们发展与进步的过程中一定要付出的代价。无论我们采取了什么样的防范措施，失败还是不可避免地一次次重复出现，我们必须要有承担失败的勇气，因为"失败是成功之母"。中国还有句老话说，"行船三分险"，这是每一个出海人必须要面对的现实。这就是我们的职业，我们的工作。

初到北海分局的日子

在国家海洋局北海分局第一海洋调查船大队报到后，
我开始接触海洋调查，出海也就成了家常便饭。

对海洋调查船的第一印象

刚进烟台救捞局时，我们一帮学生都住在火车站边上救捞局的招待所里，那时那座楼简直就是一个标志性建筑。时隔十几年后，当我再次来到烟台，直到走到楼边上也没有认出来。门看上去不再是那么宽大，楼也看不出来高了，但是当年对它的第一印象依然在我记忆中一次又一次地浮现出来。

为解决两地分居，1984年岳父把我从烟台调到了青岛。岳父是位革命军人，参加过很多战役，身经百战，久经沙场。他经历了孟良崮战役和莱芜战役的洗礼,转战山东、江苏,一直打到浙江省的海边。在一江山岛战役中,整个队伍差一点被国民党军队包了饺子,可谓九死一生。新中国成立后岳父又随着志愿军部队保家卫国开赴朝鲜战场,在抗美援朝结束后去了高级军事学院学习炮兵指挥,曾任济南军区炮兵参谋长。现在我家里还摆放着岳父当年从坦桑尼亚带回来的一只海螺,上面雕刻着两棵向日葵和一首毛主席的诗词,鲜明地显现出那个年代的特征。我刚到青岛时住在岳父家里,记得岳父在休息日时常会拿出一只小手枪仔细地擦拭,那是他的战利品——一只德国造的勃朗宁手枪。枪不大,十分精致,子弹很小,简直就是一件艺术品。老人家还经常给我们讲起战争中的一些事情,每当提到在解放战争和朝鲜战场上牺牲的战友们,老人的心情总是很沉重。也许是因为这些,我很敬重军人,是他们用生命和鲜血捍卫了祖国和民族的尊严。

在国家海洋局北海分局第一海洋调查船大队报到后,我开始接触海洋调查,出海也就成了家常便饭。第一海洋调查船大队是中国海监第一支队的前身,大队部设在青岛港务局里面。我从家里骑车去要二十多分钟,在青岛港务局港区里骑自行车,要穿过又脏又乱的煤码头和木材码头,虽有路,但不好走,总要推上一段距离。港务局有一座很老的院子,院子里有一栋建于五十年代的三层简易筒子楼,边上有一个篮球场,大队部就设在院子的平房里。我被分配到隶属大队部的调查科工作。

调查船码头离大队部很近。当我第一次看到海洋调查船时,给我印象最深的是即将退役的"水星号"海洋调查船,它是我国第一艘海上气象调查船。"水星号"结实的木质甲板和有点像"泰坦尼克号"的大烟囱,一看上去就让我想起电影《列宁在1918》里涅瓦河上苏联水兵的舰船,透着一种结实感。在"水星号"边上还有"向阳红"系列、"曙光"系列、"海调"系列等好多条调查船,可都是一些小船,最大的就是"向阳红

09"船。它们都比烟台救捞局的拖轮小很多,也要陈旧一些。

总之,一眼看去,不管是大的还是小的,海洋调查船都没有拖轮先进。这就是我对第一海洋调查船大队所属海洋调查船的第一个印象。我没有感到这些刚从部队转到地方的海洋调查船比民船好到哪里,先进到哪里去,甚至海洋调查船的吊杆、绞车和 A 型架,这些与民船区别开来最为典型的特征也没有给我留下深刻的印象。

轻松愉快的日子

我在船大队里轻松的很,基本没有什么事情可做,常常吃过午饭后就开始与船员打篮球。大队部只有五六个人爱打球。尽管我们人数少,但还是很有实力,每一条船的人基本上都打不赢我们,这样我们就经常与各船联队较量一下。打篮球使我认识了很多船员,也让我们成了好朋友。中午打完球后,冲一个凉水澡,睡上一觉,一天的日子就这样打发过去了。

当时分布在大小调查船上的实验部人员正在准备下船。曾经是军人的专业调查人员不再隶属于海洋调查船上的任何部门,实验部也不再是海洋调查船特有的组成部分。重新组建调查队后,船上的实验部只保留少数几个人,他们与水手一样隶属船上的甲板部,从此以后海洋调查船上的实验部门不再人丁兴旺了。再后来,当"第一海洋调查船大队"改为"中国海监第一支队"时,海洋调查船和海监船上已不再设实验部门,甲板调查设备和调查辅助装置均由甲板部门代为管理。安装在船上的调查设备成了没有经费渠道,没有人愿意管理、维护、保养的多余装备。海洋调查船和海监船似乎只要能行驶,一切就都有了,其他都是多余的。后来的事实一再证明这样确实行不通。

负责组建新调查队的领导们经常借用大队调查科的办公室开会。到了这年的十月份,调查队重新组建,船上仍旧保留着实验部,但已经成了一个空架子。现在想想,或许可以说我们就是从那时起,开始脱离军队的运作模式,海洋调查的军人时代结束了。而我当时就是一个刚刚大学毕业,什么都不懂的"新兵蛋子"。但是等待这个变革的又将是一个什么局面呢?这个变革带来的又是些什么呢?

海洋调查的正规军

新组建的调查队在 1984 年底开始执行全国海岸带普查和海岛调查任务。当时的海洋调查还是使用埃克曼海流计、印刷海流计、指针式直读海流计、颠倒温度计等现在看来十分古老的海洋调查仪器,它们基本上都是国产,多由天津海洋仪器厂生产,这些东西现在可能只有在海洋博物馆里才能见到。尽管当时我国的海洋调查仪器落后,但观测人员认真仔细,数据质量还是很过关的。

当时使用的那些观测设备,既笨重使用起来又麻烦。比如印刷海流计,其实在厚重的铜质外壳里面,就是一只磁罗盘和一只上了发条的闹钟,再加上一些机械传动装置。外面的旋杯靠磁力带动里面的齿轮,然后把观测的流速和流向印在几毫米宽的纸条上。在全国海岸带调查中,我随"曙光05"船出了一次海。现场由杨友衡队长领队,自青岛起航后我们一直在不停地校正和调整海流计钟表的快慢,那可真是一个功夫活,所以调查队里有很多人既会修理钟表,也会修手表。

七十年代末期来北海分局的海洋调查队员多数是军人,他们都经过严格训练。使用这种印刷海流计,印油加多了会糊死,加少了太淡看不清,只能反复地调整印油量,不断地试验印刷的效果。他们操作这些设备很熟练,很快就能调整到最好效果。这种设备的机芯与机壳是配对使用的,否则观测出来的结果会是错误的。设备在放到海里之前要用干净的毛巾擦拭机壳以减少潮气,不仅要反复检查端盖的水密性,还要暂时塞住旋杯,以免它被风吹着转动,损伤内部的齿轮。

当时的调查船多数在一千吨以下,由于船小在海上摇摆得很厉害,当印刷海流计准备就绪,我们马上就要盖好海流计端盖时,一个大浪打了上来,杨队长本能地用身体护住海流计不让海水飞溅到仪器里。我当时就在他的旁边,但并没有做出杨队长那样的反应,也没有想到要先去保护好设备,只是本能地去躲避海浪,其实躲是躲不过去的,同样会被海水打湿全身。至今回想起这件事仍是记忆犹新,历历在目。老一辈海洋人不是用说教,用那些形式的东西,而是用自己的行动向我们这些年轻人诠释了一名海洋调查从业者爱岗敬业,敢于吃苦,勇于担当的优秀品质。

调查队的领导和业务组的人大多数是五六十年代的中专生和大学生,很多人参加过1958—1962年间我国首次开展的海洋大普查。当年的"三老四严"、"八个统一"和艰苦的海上调查作业锻造了他们,让他们有了丰富的海洋调查现场作业经验。我们现在使用的很多调查作业的方法,乃至第一部《海洋调查暂行规范》的很多内容都是来自于他们海

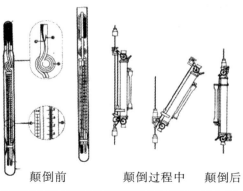

颠倒前　　　　　颠倒过程中　　颠倒后
早期的海洋调查设备(颠倒温度计和南森采水器)

上作业实践的总结与提升。而年轻的调查队员也多是 1982 年随着北海分局一起从北海舰队转到地方的年轻军人。他们经过部队的严格训练，现场作业动作熟练、精准、麻利，任谁看了都会感到这是一支训练有素，能征善战的技术队伍。

当年奋战在我国海洋调查第一线上的正规军分散在三个分局——北海、东海和南海。颠倒式温度计读数是每一名调查队员的基本功之一。每一只南森采水器①上都有两只配对的水银颠倒温度计②，由于玻璃管上有水，白天看不清楚水银液面，只能用手电借着凹形水银液面的微弱反光读数。按照调查规程，要由两个人分别单独读一遍数，如果两个人的读数不在允许读数误差范围内，带班的班长则要重新再读一遍。如果你见过他们的观测记录，看到的会是一组组规整、流畅、美观的阿拉伯数字，在今天看来每一页记录表就像是一张硬笔书法作品。你很难想象这些书写美观程度近乎一致的数字，是出自一群年轻的军人之手。他们虽然学历不高，但有干劲，爱学习不服输，他们是一群有血性、不晕船、技术娴熟，能大口喝酒、大块吃肉的男人。在校对观测数据报表时，他们流利、快速、清晰的读数非常流畅，声音悦耳。直至今天那些读数声好像也在我的耳边回响。

当年的条件远不如现在，海上作业是很辛苦的事情。有一次一名调查队员在大风浪里观测，取下温度表后一个大浪扑上甲板，甲板上有水后会变得很滑，他摔倒了被浪冲出好远，可玻璃温度计依然被他紧紧地抱在怀里，毫发无损，这对于他们似乎是平常的事情。其实不然，在那种情况下，一个人自我保护的本能反应是张开双手保持身体平衡，当然结果也将截然不同。他们也会有晕船的时候，经过多年的海上磨练，

---

① 南森采水器在 1910 年由挪威探险家和海洋学家 F. 南森发明。

② 1874 年英国人发明了颠倒温度计，这是海洋测温技术的重大革新，大大提高了海洋测温的精度。

只是在晕船时不再害怕了而已。

　　船在海上总是会摇摆的,有时大一些,有时小一些,加上那时住舱条件差,十几个人住在一起什么味道都有,上铺的人连坐都坐不起来。有一次出海,船摇摆得实在太厉害了,一名调查队员就把自己装进齐腰高的行李袋①里,穿上一件棉上衣,带上棉帽子,把自己捆在后甲板的避风处。即便是这样,船一到观测站位,他照样起来干活,照样完成自己承担的观测。经历过数次晕船与呕吐以后,出海时我也不晕船了。其实我感到晕船与喝酒很有些类似的地方。多数人都可以喝酒,有些酒量很大,有些喝上一点酒就会过敏。当你练得多了,酒量也会大一些,但还是不能与天生酒量大的人相比。当你醉过几次以后,就知道醉酒也就是那么回事,心里也就有了底。晕船也是一样,当你经历过几次大风大浪后就会知道,晕船也就是那么回事。不管多么难受,总是死不了人。但晕船厉害了会比喝酒要更伤胃,更伤身体。我的一名同事就是在出海回来后的当天晚上,因晕船导致胃出血住进了医院。尽管这是个例,但当年龄大了以后就会显现出来为了出海,为了中国的海洋事业所付出的身体代价。

　　这些海洋调查从业者是中国海洋调查事业中性格特征最为鲜明的一代人。尽管他们的技能现在看来已经落伍,可他们留下的吃苦耐劳精神,尤其是认真对待自己的每一组观测数据的敬业精神,他们真诚敬畏大自然之心,依然深深地启发和教育着后人。可是现在他们的精神并没有得到传扬,没有得到发扬光大,他们也没有得到应有的评价和社会的关注与认可。即便是这样,他们至今仍不离不弃地在出海,默默地工作在海洋调查的第一线,继续默默无闻地履行着一名海洋调查从业

---

① 由于调查船上没有了实验部门,我们出海是要自带行李,每名调查队员都有一个大的行李袋,装着出海时所有的被褥。

者的职责。他们在艰难的出海中，用自己的身体甚至生命为代价，累积起我国近海海域成千上万组长期观测数据，而这是一堆不可重复获得的、近乎被人们忘记了的宝贵观测资料。是他们奠定并传承了我国老一辈海洋调查人的优良品质和传统。假如没有这支正规军的贡献，以及积累起来的长期观测资料，我们的海洋调查能力和海洋研究水平，现在或许会是另外一个样子。今天，当我们为海域开发成果而津津乐道时，我们没有理由忘记取得这些成果的科学基础与依据正是当年的那些基础资料。

相比之下，现在海洋调查船吨位大了，船上的住舱条件好了，气象预报准了，遇到风浪的概率少多了，出海更加以人为本。可是我们现在的一些调查队员，文凭高了，训练程度不高；出海补助费涨了，敬业精神在流失；文章写得多了，拼搏精神反而少了；外语好了，不会写的汉字却多了；技术好了，哲学思辨能力变差了。我们正在逐渐丧失调查作业的基本技能，不再以对子孙后代负责的态度去对待自己的观测数据。尽管今天出海的年轻人仍然要面对大海，面对大自然，但他们从心底里已经开始不再那么自觉地敬畏大自然了。

作为一名曾与他们一起出海的海洋调查的从业者，我想说：我们应该尊重我们的前辈，尊重自己所从事的工作和事业，尊重流淌过去的历史。

武器和战场都变了

在黑潮调查的早期，我国海洋调查设备长期得不到更新的落后局面凸显出来。为此，我们开始引进世界上最先进的海洋调查设备，包括

Mark Ⅲ CTD、安德拉海流计和安德拉水位计①等。我国的海洋调查设备就是从这个时候开始了从机械式向电子化的实质性过渡，国产海洋调查仪器和设备恰恰也是从这时开始慢慢地淡出了我们的视线，海洋调查与进口设备慢慢地连在了一起。

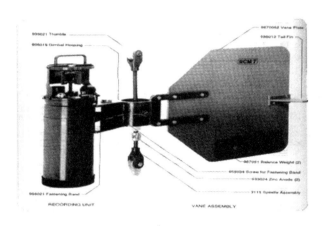

早期用磁带记录的安德拉海流计

让我没有想到的是，国产海洋调查设备在退出我们视线近二十多年时间里几乎就没有再抬起头来。尽管在这期间我们几经努力，国家投入了大量的人力、物力和财力，但是起色甚微。当国产海洋调查设备在真正意义上再次回到我的视线中时，已经不是过去那些只在近海使用的小型的和简单的东西了，而是在远洋深海里使用的大型复杂的海洋调查设备。这似乎是"跳跃式的发展"，其实不然。

因为，我们迫于深海资源勘察的国际形势，不得不努力地发展自己的深海装备（有些装备我们是买不来的），把形成深海调查作业能力和解决调查作业现场的问题放在首位，也成为评价一种深海调查设备优

① CTD即海水温度、盐度、深度剖面观测设备，Mark Ⅲ为型号；安德拉是挪威海洋设备公司的译音，海流计是用来观测某层次海水的流速、流向；水位计是用来观测海水涨落潮的变化高度。

23

劣的最基本准则和充分必要条件，而并非随着时下的潮流刻意追求所谓"高、精、尖"的东西。正是这种理念，我们从仿制走向了开发和创造，为深海技术装备注入了东方文化的智慧。这是后话，让我们再回到当年吧。

电子化的观测设备具备更大甚至是海量的记录容量，同时也带来了大量观测数据的计算机处理问题。计算机和微电子技术的快速发展，也为各种过去难以实现的数据采集和数据处理方法（比如快速傅里叶变换，卷积，潮汐和潮流调和分析等）的采用铺平了道路，随之而来的是计算机编程。那时很多的基础性代码都要靠自己一行行地写，一段段地调程序，那是一件十分枯燥辛苦又细致烦琐的工作。

我接触的第一台电子计算机有一间房子大小，那是在大学时到四方车辆研究所实习的时候。每次开机要先预热一段时间，这时机器会反复播放《社会主义好》，而所谓的编程就是在穿孔纸带上打出一排排的孔。我工作以后使用的第一台计算机，其内存容量也只有128KB，尽管比现在最简单的智能手机内存还要小，但是计算机的基本结构与现在的差别已经很小了。

那个时期，我也经常授课，培训军人出身的调查队员们，教他们学习新设备和新技术，也包括计算机和编程语言。正规军的"常规武器"随着时代的发展发生了很大的变化，他们的知识结构使他们学习先进的海洋调查设备的确有很大难度，尽管他们很努力，但是最终还是没有改变退出历史舞台的结局。

尽管当时这些年龄接近五十的正规军们暂时还工作在海洋调查的第一线，但是我们不尽合理的评价体系，使他们屡屡错过机会，因为海洋调查经常被认为"没有高深学问"，而强调学术文章的现实情况，迫使搞海洋调查的人随时准备跳槽，否则就没有晋升的机会，也没有发展空间和较多的好机遇。或许这才是我们逐渐失去海上调查作业主力军的主因。大约在世纪之交的那段时间,军人出身的调查队员时代基本上结束了。

1958 年全国海洋大普查后,我国设立了全国近海长期观测断面,北海区的标准断面从北纬 34 度开始向北布设,一直延伸到渤海湾最北端的辽河口,最频繁时每个月都要进行观测。按照当时的船舶条件,在冬季天气状况不良的几个月里,老调查队员们仍然要顶着寒风坚持出海。尽管如此艰难,我们还是坚持了好长一段时间。正是这些长期连续进行的标准断面观测数据,累积起了我国近海海洋调查最具权威性的海洋观测基础数据,成为我国最为重要的近海海洋观测资料序列。多年后直到 1995 年,在我们刚开展海洋环境调查,试探着进行海域使用环境评价,开展海洋倾倒区评估和各类海洋环境状况评价与评估时,当年的那些观测资料成为我们能够参考的、最为可信的且较为系统和完整的海洋调查资料序列。

海洋标准断面逐渐萎缩了,这些正规军失去了主战场。大概在 1991 年,全国海岸带普查、海岛调查、中日黑潮和中美海气合作调查等大型海洋调查活动相继接近尾声,我国大型海洋调查任务、大规模海洋调查活动开始走下坡路,一跌就是十多年时间。在标准断面调查开始以后的第 20 个年头,我们逐步走向了低谷,我们仅累积了对潮汐产生最显著影响的天体——月球的一个运行周期(18.61 年),就天体运动周期而言这显然是不足的。

当年我有幸在北海分局调查队屠金钊副队长的指导下参与了"断面布设论证"工作。屠队长是老大学生(一般特指 1966 年以前考入大学,也就是新中国成立后 17 年中培养毕业的一批人),也是一位很开明的领导,而我仅仅是一名刚工作不久的大学毕业生。在他的指导下,我们一起整理了大量断面调查的历史资料,编写论证材料,北海区断面论证的发言他也让我去做。

按照现在的一些说法,常规断面调查的观测数据无非是数值模型中的校正点。但在 20 年前,即便我直接参与断面调查论证,也从没有意识到、也没有听说过数值模拟发展速度会如此之快。观测数据的成图是描述性海洋学的基础图件,没有这个基础,我们就没有其他有效方法来描述基本的海洋变化,实际上也不会有今天快速发展的数模技术。我们需要用哲学的思辨来看待和思考海洋调查的兴与衰,以及中国海洋调查萎缩和发展的历史过程,我们应该反省并从中汲取教训,而仅谈具体的技术进步是没有多少实际意义的。

海洋是延伸的蓝色国土

断面调查的减少,国家投入不足仅是一个方面的因素,这种投入不足与当年的思想观念和对海洋的认知程度有关,更重要的是我们缺少海洋国土意识,缺少长期经略海洋的战略考虑。

说到海洋国土意识,直到 2005 年我才看过马汉的《海权论》一书。书中的很多海上战例我看不懂,但是让我知道了海洋对一个民族和国家的发展与富强的重要性,知道了这本书曾经像马基雅维利的《君主论》一样,影响了欧洲的几代君主们。

1982 年我们国家发生了很多事情,其中一个当时很不起眼的揭牌仪式就发生在北京长安街 31 号的一栋三层小楼的门口,这是一个极为简单的仪式,"中国海洋石油总公司"就此成立。二十世纪七、八十年代是我国海上石油勘探刚刚起步的阶段,我的很多同学在毕业时都被分配到了天津和湛江的海洋石油行业,为中国海洋石油的发展创造了人才基础。出现这种局面的一个原因是当时山东海洋学院一心要脱离国家海洋局,努力从一个部属高校变为教育部 83 所重点高校之一,进入中国名牌大学之列。为此,中国海洋和海洋教育的开拓者赫崇本①教授曾经语重心长地告诫过我们:"海洋是不可分割的。"

有意思的是,从长远看这倒无意中成了一个战略之举。否则,海洋石油环境勘探的发展和扩张可能不会这么快速,也不会很快地带来海洋环境保护的问题,并从而有了为海上钻井和采油平台建设勘察海洋的工程需求,有了近海海洋调查、海洋管线和路由调查、井场勘察和环境保护等一系列与海洋石油开发有关的海上工程勘测项目。这些直接为国家的海洋管理创造了一个巨大的市场需求。起初,海洋石油行业的海上调查作业可自给自足,1990年左右,一些零散的近岸海洋调查或海上勘察的小活儿,开始推向市场。先是在海洋研究单位里,有些人开始承揽海上的活,但他们并不是当年海洋调查的主流。可是那些游历在近岸海边随市场逐利的游击队,开始渐渐地腐蚀着、蚕食着海洋调查的正规军。那段时间里让很多人,甚至是有些能力的人也不得已地开始考虑,要在跟随市场逐利和献身科学研究之间做出选择。

在那段时间,海洋调查从业者空闲得很,老的模式似乎有些过时了,但是新的市场还没有培育出来。在"黑潮"和"海气"这两项大型海洋调查活动②结束以后,老一辈海洋调查者(参加过1958年海洋大普查的人)进入了老年期,并在较短时间内退出了海洋调查的舞台。随之而来的是海洋调查正规军失去了主心骨,没有了领头羊,这支队伍的"心"像沙子一样散了,这支队伍的"魂"丢了。可在当时,我们并没有现在这种十分强烈的感觉,仅在10年后(约在2000年),当我们再一次走向远洋深海时,被化整为零的正规军已经感染了大量的游击习气,并日渐浓郁,已难重整旗鼓,组织不起来了。

①　我国著名的海洋科学教育家,开创了我国物理海洋学科,缔造了中国海洋大学。

②　即"中日黑潮合作调查"和"中美海气合作调查"(1985 — 1992)。

当我们发觉失去了能打大战的主力时,不得不试图重新组建一支队伍,可是困难重重。要造就一支队伍绝不是一朝一夕的事,要造就一支队伍就要能耐得住寂寞,要有允许他们从失败中成长的度量和胆识。有些东西,只有当你失去以后才能体会到它的珍贵,才会有倍感可惜的感觉,就是这样的奇怪。

什么是原动力

1993 年左右,我国大型海洋调查活动萎缩前的最后辉煌结束了,在此之前我很有幸地参加了"中日黑潮合作调查"的后半程。

在"中日黑潮合作调查"中,我们已经开始使用 Mark Ⅲ CTD(温盐深剖面仪),这是当时世界上最先进的海洋观测设备,与日方在主要观测设备上基本处于同一水平线。记得在一次"中日黑潮合作调查"学术交流上,日本科学家询问我方 CTD 观测数据的处理情况,可我们竟然没有人能回答上来。听到这个消息我感到很吃惊,我们的 CTD 观测结果居然是没有经过数据处理的原始观测数据?!

当年 CTD 才开始使用不久,在很多方面还不成熟,但原始观测数据与处理后的观测结果所包含的信息是不能等同的却是一致的认识。简单地说,一个仅是传感器对海水反映的集合;一个是观测的结果序列,是可以与其他已知观测结果作对比的数据。我就是从搞 CTD 数据处理开始,逐步接触了海洋观测数据的处理,这也成了我从事海洋观测数据处理的起点。当时在观测数据的处理方法上,美、俄科学家还存在一些争议,为此联合国教科文组织专门成立了一个工作小组,评估各种 CTD 观测数据处理方法的实际效果,以保持海洋观测数据的可溯源性。就是在这样的情况下,老一辈海洋工作者鼓励我们年轻人来解决这个问题,不能让日本人说我们的 CTD 资料没有经过数据处理。

时任北海分局调查科技处处长的刘建筑,在回忆当年的海上调查时讲到:"1986 年春季航次是中日黑潮合作调查的第一个航次。'向阳红 09'船满载了当时我们拥有的一切先进仪器,经过 40 多天的艰苦努力,虽完成了调查计划,但作为国家合作项目,其获取资料的手段、资料量和资料质量同日方相比存在明显差距。特别是作为海洋水文基础的温盐资料,使用南森采水器和颠倒温度表难以完成连续的温盐剖面观测,根本无法实现国家间的资料交换。为圆满完成合作项目,1987 年'向阳红 09'船配备了当时国际先进的 Mark Ⅲ CTD 和锚系浮标等设备……,实现了同日方的对等调查,资料交换及同等水平的合作研究。"

为了解决 CTD 数据处理问题,调查队业务组组长周参武带我去了天津情报所一起讨论相关技术问题,他们给我讲解了基本设想;准备采用哪一种数据处理方法;还讨论了需要尝试和对比的具体方法和许多具体技术细节问题,并希望我能尽快编写出计算机程序,实现 CTD 观测数据的处理。我按照商定的几种方法开始编程,不经意中三个月过去了。三个月的时间虽不太长,但那时的计算机运行速度很慢,老的 CRT 显示器用手摸一下屏幕会因静电而发出啪啪的声响。我天天面对着计算机屏幕编制和调试程序,后来发现自己食欲大减。

那时我在单位里只去两个地方,资料室的图书馆和三楼的化学实验室。去前一个地方是找参考资料,后一个地方就是我编程序的工作室,我几乎到了着迷的程度。那时单位里搞计算机编程的人很少,遇到问题经常是要靠自己去想,靠自己去尝试。那段时间我经常去海大边上的国家海洋局第一海洋研究所,与那里的同行和老专家们讨论问题。他们也很关心 CTD 数据处理,有时为了一个问题我们会讨论好长时间,对不少程序片段和一些处理方法等技术细节也会有不同的看法,有时甚至是争执。那段时间我回到家时满脑子还都是程序代码和讨论过的问题,思考着如何解决。有些程序代码是在我似睡非睡时想出来的,经常是睡了一会儿又爬起来写程序,投入得很。

我来到青岛后先是住在岳母家里,有了孩子后我们搬到了江苏路的一座日式建筑,三口人住在一间二十平方米的房间里,房间的两面是一人多高的大窗户。记得1985年9月4号那次台风过境,台风中心正面袭击青岛时,雨水从高大的窗直向屋里灌,我们只好拿旧床单蘸水,可顾了这边顾不了那边,搞得满屋子里都是雨水。台风过后,被大风吹倒的树把家门堵住了,我只好从窗户出去锯断树枝,才打开了房门。

大窗户也有好处,夏天透风,但房间里潮湿。每到周末,不管天冷天热,只要有太阳我们家的第一件事就是晾晒被褥,把整个床上的被褥全都拿出去晾晒。在冬天来临之前,我要先用塑料布封住这些大窗户,不然会四处透风。但又不能全部封住,冬天也要时常开窗通风,还要随时注意生在房间里的蜂窝煤炉,以防煤气中毒。到了晚上为了不影响老婆孩子休息,有不少程序我是在走廊里抽烟思考,然后回房间里写下来的。房间是老式的地板,踏上去会有响声,因此进出都要轻手轻脚,以便不惊醒他们娘俩。尽管当时的条件艰苦一点,但每当我看到处理出来的结果比较理想,又接近成功一步时,自己会高兴地在无人的实验室里转上两圈,舒展一下疲倦的身体,伸伸懒腰,点上一支烟,自己给自己庆祝一下。我的这些努力,不仅是为了做好老一辈海洋工作者交办的事情,还有一点,我们的想法是一致的,那就是不能让别人说中国的CTD资料没有经过数据处理。我们的处理结果不会比他们的差,这就是我的原动力。

不能丢中国人的份

黑潮是世界上著名的洋流之一,源自太平洋赤道海域,在太平洋的西侧被强化,从台湾岛东侧进入我国东海区域。在钓鱼岛附近海域向东转了一个大弯,然后沿着冲绳海槽一直北上,在日本四国的西南分为两个分支。弱的一支向北偏西穿过对马海峡后继续北上,进入日本海;强的一支向东穿过琉球群岛北端的宫谷海峡进入太平洋,并继续沿日本东南海岸向东北方向运动,与北海道南下的亲潮汇合,形成世界著名的大渔场。由于黑潮海域水温高,流速、流量大,其流量变化和黑潮主轴位置的波动会显著影响我国东部沿海气候,对日本的气候和沿岸的影响就更加明显,因此中国和日本都很关注黑潮研究。

如果是冬天航次,起航后每天都要减衣服,因为睡上一觉后就感到天气热了好多,到达黑潮海域时就与青岛的夏天差不多,在海上可以穿着短衣短裤干活,返航时则要不断加衣服。在去作业区的路上,海水的颜色会逐渐变深,由近岸的蓝绿色慢慢变到蓝色,最后变成深蓝,有点像蓝黑墨水。不仅是颜色,海水也变得更加清澈,在近海只能看下去几米,在黑潮海域可以看下去三四十米。进行透明度①观测时,不能像在近海用手提拉着绳子观测,因深度大,我们要用电动绞车来收放透明度盘。

1988 年,在"中日黑潮合作调查"中,日方科学家要随"向阳红 09"船一起出海。就在那个航次,CTD 小组出了一件有惊无险的事。

起航到作业区需要三天时间,大家很空闲,都在打牌、下棋、聊天。那时没有现在这么多的娱乐方式,没有卫星电视,计算机也很少。每天晚上放录像,以香港和台湾的武打片居多,很多人按时来餐厅观看录像。到第一个观测站位约还有四五个钟头时,CTD 小组开始做准备工作。CTD 甲板单元启动后,除了风扇在转,其他的都没了动静,这可急

---

① 　一种描述海水透明程度的目测项目,观测时下放到海水中一个标准尺寸的白色圆盘,记录直到看不见圆盘时的下放深度,即为透明度。

坏了我们,于是马上开始动手检修。半个多小时过去了还是没有找到故障点,我一想到船上有日本人就更加着急,恨不得一下子就找出故障,"如果修不好CTD设备太丢中国人的份了"。但如果向上级领导汇报恐怕会招来一大群围观的人,那就更没有办法继续修理了。

当时带队出海的领导是北海分局副局长马荣典。当我硬着头皮向马副局长和海洋一所首席科学家郭炳火汇报CTD设备故障时,他们并没有责怪,也没有显得着急,而是鼓励我们继续检修,并嘱咐我们准备好颠倒采水器,到站后如果CTD修不好就先用老办法观测。两位老前辈跟着我一起来到实验室,检修的人停下来看着局长和首席,可他们并没有多问,做了一个继续干活的手势,就坐在一边静静地看着我们继续检修设备。看了一会儿两人低语了几句站起身来,把实验室的门轻轻带好后就回去了。

时间一分一秒地过去了,整个桌面上到处都是拆开的零件,然后我们又一个个地再重新组装起来。就在距离第一个站位还有不到四十分钟时,调查队员谭深发进来说采水器已经准备好了,到站随时可以开始作业,此时我们刚好换好了最后一个备件,准备启动甲板单元。我按下开关时,心里祈祷着成功,结果CTD甲板单元真的运转正常了。大家赶紧检测了一下水下单元和各个传感器,检查了数据采集程序,结果一切正常,这时我心里的一块石头总算是暂时落了地。

我看了看表已经过去了三个多小时。但是我们感觉时间就像在飞一样,好像才过了十几分钟。后来日本科学家到实验室里见到敞着的机盖,有些不解地问我们:"为什么是这样?"我回答:"舱里热,这样散热好。"这件事让我深刻地认识到在海上干活备件有多么重要,假如当时没有备件,要想修好设备是不可能的。这就只有在备航时考虑仔细,准备充足。

虽然CTD正常运转了,但我还是放心不下。一连几个班次跟下来设备一直运转得很好,可我没敢让他们关机,因为电子设备出故障多发于开关机时。就这样我守着设备一个又一个测站做下去,生怕再出什么岔子。当我感到有些支撑不住时,已过去了近 30 个小时。回到房间我就睡着了,房间里很热,当我一觉醒来发现自己胸口上竟然有一窝水。

我们还是有差距

同日本科学家参加"向阳红 09"船调查作业一样,1989 年,作为交流人员我也到日本海洋科技中心的"海洋号"调查船上工作了一段时间。

"中日黑潮合作调查"作者留影

那是我第一次出国,飞机降落在东京成田机场后,我们又坐了两个小时的出租车才到达住处。当时正在下小雨,出租车一直在高架桥和高速路上行驶,时速有一百多公里,后面超过去的车掀起一大团水雾,很快就消失在我的视线里。这让我想起去天津标定 CTD 设备时，我们要沿国道跑上一整天，车速最快也只有 80 公里/时，车上还要带着一大桶汽油（那时的加油站少），一边走一边给自己加油，出门晚了中途还得找地方过夜。

我们到达住处时天色已晚，日方安排了日式晚餐。日本餐馆的餐桌很低，与我们农村土炕上用的桌子类似。他们席地盘腿而坐，或跪在榻榻米上，我也只好入乡随俗了，可是不多会儿两条腿就酸痛得很。

日方安排我们住在距离横须贺不远的一个海边小镇。那是一个典型的日式庭院，进门后有两座木质日式板房，房东住在左侧，我们住在右侧。我们第一天就领教了日本的习俗，房东已经给烧好了洗澡的热水，很客气地介绍了室内的设施，让我感到意外的是电视机。那时在国内老式旋钮已被按键代替，可在电器产品发达的日本，他们家里用的电视机并不比中国的先进，还是在用旋钮选台的那种。起初我想日本人自己不用最新的却卖到中国赚钱。细想一下，这更多是一种对生活的态度。

出海前，日方给了我一份海上调查作业计划表，这是我第一次看到以小时为单位的海上调查作业计划，我简直不敢相信他们能够按照这个计划执行。当时我们布放一个观测浮标大约需要两个多小时的时间，还常手忙脚乱。他们布放与我们类似的浮标，居然计划时间只有 45 分钟！但事实上他们的确就是这么的快速和准确，实际用时差了不到 5 分钟。直到 20 多年后的今天，我们在大洋深海工作中，海上的调查作业计划充其量也只能以半天为计划单位，在实际执行中差个一天半天是常见的事。这就是差距，我们不是不会制订计划，而是谁都不相信作业计划，也就不去按照计划执行，或在执行中加进各自的想法。

航次中，日方调查队员（由海洋科学家和学生组成）在每次完成观测后，马上就整理班报记录，现场进行观测数据处理，尽快了解观测数据的基本情况。他们不仅负责观测,同时也负责数据处理和资料整理。这一点与我们当时的做法很类似。尽管我们在作业方法上差距不大,但是我们的技术装备差距还是很明显的。"海洋号"不仅性能好,调查作业的辅助设备也先进。这是一条专门为调查作业设计的船舶,各种装备构成了一个整体。而我们的调查船和调查装备①没有形成一个完整的作业体系,这是至今我国海洋调查船普遍存在的问题,也是我们与发达国家在海洋调查船方面最大的差距。这不仅是技术问题,更是一种有关海洋调查船的理念。我们需要的不是知道"是什么","有什么",而是要搞清楚"为什么"的问题。我们时常想当然地强调所谓的"关键技术",其实多少关键技术的叠加并不能组成一个完整的技术体系。

在我们回国的前一个晚上,日本同行们要来住处送行。他们约定自带食品,一起做菜一起吃。那天一共来了七八个人,每人都带了一大包吃的,还有日本人爱喝的清酒,我们准备的是白酒和几样中式菜。他们带来的食品多数都是半成品,做起来很快,一会儿我们就摆了一大桌子菜。大家席地而坐,边吃边闲聊起来。今天他们就没有打算回家去,就是想大喝一场。很快好多人都有了醉意,喝完后他们直接就睡到了我们的住处,横七竖八地躺了一地。

在海上,每到周末我几乎都可以看到船员手里攥着一把硬币,站在船上的公用电话机边投币打越洋电话。这些电话机是日本电讯公司安在船上的,谁用谁付费。直到20多年后的今天,我们的远洋调查船也做不到。尽管这是一件小事情,也可以看出我们还是有差距。

---

① 包括船舶性能,调查设备性能,辅助设备和辅助装置等。

海洋有时非常狂暴

在黑潮调查冬季航次中,"向阳红 09"船遇到了一次强寒潮,我们选择去长江口外绿华山锚地避风,并打算在寒潮到来之前赶到。这是争分夺秒的事情,在我们抢做完最后一个 CTD 观测站位,还没有采完水样,船已经开始加速,全速驶向绿华山锚地。船在风浪中顶风航行,一会儿跃上波峰,一会儿跌进波谷,船体在巨浪的作用力下发出吱吱的声音,听上去让人感到恐怖,整条船都在颤抖。

在驾驶室里你会看到,船头向下俯冲而去,海水迎面扑来,被船头劈向两边,泛起了大团大团的白沫,白沫被风吹着扑向驾驶室。有时海水高过了船头,船头好像一下子扎进了水墙里,感觉船不再向前走了,浑身都在颤抖,而后才慢慢动起来。要么,船头被高高举起,似乎脱离了海面,然后又重重地落下,拍在海里。这时四周的海水都比船头高,泛起的白沫把整个船头包裹了起来,船头被压进水里,整个前甲板被淹没了,白沫过后船才慢慢抬起头,扑到甲板上的海水顺着两舷边像湍急的河水一样流淌过去。

CTD 是在前甲板进行观测,采完水样固定好设备,甲板已经扑上浪了,整个前甲板到处都是海水。我和另外两个同事背对船艏躲在距离实验室的门只有 20 米远的前桅楼后面。我们都清楚不能一直躲下去,风浪会越来越大,时间拖得越长麻烦也就越多。当我们双手撑地,坐在甲板上滑到了实验室门口时,全身都被海水湿透了,就是这点距离也挨了好几个浪头。回到住舱我躺在床上,听着床底下主机大轴不匀称的声音渐渐睡着了,突然一阵巨大的钢铁碰撞声把我从迷迷糊糊中惊醒,这是飞车①的声音。船晃得厉害了,就是躺在床上也没法睡觉,人在床上来回地滚。我睡的床顺着船艉方向,一会儿我的脚牢牢地蹬在床板上,床就像是要竖立起来;一会儿头又紧紧地压在床头上,好像床要倒立过去。我只好用枕头来护着头,把被子塞在身体边上,还得用手推着墙板,把自己紧紧地塞在床里。

这样躺的时间长了感到浑身难受,腰开始发酸,胳膊也累,实在躺不住了,我们就到船艉的后舱门口伸伸懒腰,呼吸点新鲜空气,点上一支烟,感觉舒服多了。突然一个大浪过来我们赶紧躲避,但海浪来得太快,涌上后甲板的海水一下就没过了膝盖,溅了我们一身水。回到房间,坐在床边看着水桶在屋里来回乱窜,隔壁的水桶直接越过门槛跳到大厅里。尽管到处乱响,水桶、椅子、茶几到处乱跑,可谁也管不了。

十几个小时的艰苦航行终于熬过去了,"向阳红09"船已接近绿华山锚地,船摇摆的幅度逐渐小了,折腾了一夜我感到很饿。早饭时我盛了一碗稀饭一点点地喝着,由于船还在不停地摇晃,我只能一点点地喝,

在大浪中航行的海洋调查船

① 由于船前后起伏过大,螺旋桨露出或到了海面上,因水阻突然减小,转速突增而发出的声音。

否则会把整碗稀饭扣在脸上。后来,船平稳多了,我去前甲板一看,立刻被眼前的一幕惊住了,这是我第一次亲眼见到狂风巨浪下大海的威力。

前甲板原有两个缆车,两边各有一个,每个有大半个成人高,靠码头时拴住船的缆绳都缠绕在缆车上,缆车被四颗拇指粗的螺栓固定在甲板上。而在大风浪中,缆车已被海浪连根拔起,螺栓断裂,在前甲板来回翻滚,缆绳散落了一地,缆车已扭成了麻花状。在我们曾躲避的前桅楼两边,固定颠倒采水器的围栏距离船舷边有 5 米多远,但关着的木门已被海浪打碎了,里面的采水器也被全部冲了出来,只剩下焊在墙上的空空的铁框架,里面的东西被海水冲刷得干干净净。前甲板上满地都是缆绳、采水器和摔碎的温度表,真是惨不忍睹。航行中驾驶室的人早就看到了,可那时谁也下不去,否则就会被海浪卷到海里,只能眼看着海浪发威。

秋季也是台风登陆日本较多的季节,在黑潮调查秋季航次中,我们遇到了一个台风在同一个地方三次登陆,来回三次避风耗掉了我们一周多的时间。海上调查作业就是因为受制于气象的影响,才具有很大的不确定性。在海上做事,你必须看"老天爷"的脸色才行,否则就干不成活,做不了事。在海上不存在"人定胜天"的事情,几乎没有出现"奇迹"的可能。

日本人着急,苏联人心静

在二十世纪八、九十年代,尽管当时我国大型海洋调查活动不多,但还是有一些。我曾经与同事康川一起参加了为收集和研究我国大陆架延伸相关数据资料的冲绳海沟地质调查。日本对我们那次的调查活动极度敏感,我们船在海上作业的几十天里,只有我们回舟山避风的那几天没有日本船跟着(他们的飞机一直跟随我们船到接近我国领海的区域),其他时间里,日本船只一直在为我们"伴航",时常来一趟飞机巡视几圈,有时一天会飞来几趟。

有一次我们进行底质拖网取样,按说收网时日本船会靠近观察,可是这次并不见他们过来。就在我们快要收上拖网的时候,才见到远处日本船上的直升机向我们飞来,船也快速地靠近。可是他们晚了一点,我们将深水绞车的大帆布罩结结实实地盖在了回收上来的拖网和样品上面,让他们什么都看不到。日本的直升机径直飞到了"向阳红09"船的尾部,直升机把高度降得很低,在很近的地方悬停、拍照,螺旋桨把下面的海水扇起来,飘起一层水雾,看来日本人这次真着急了。

就在我国海洋调查处于低谷时,我们仍在意犹未尽地热衷于搞国际联合调查,期望以此来扭转低迷的海洋调查活动。可是对于如何继续开展我国长期海洋断面调查,如何进行我们刚刚开始不久的海洋污染监测,并没有给予更多的关注,也没有去细致思考,更没有细致地筹划。

1992年的冬天,我与国家海洋局第一海洋研究所的三个人乘坐绿皮火车一路北上,去海参崴参加中俄联合海洋调查,两天后我们到达了中俄边境口岸绥芬河。列车在东北铺满积雪的广漠原野上行驶,天气越来越冷,走在两节列车的连接处,缝隙里吹进来刺骨的寒风,手按在金属门把上有些发黏,像有胶水一样。

绥芬河是开放较早的中俄边境口岸,这里有繁茂的口岸交易市场,在这个不大的城市广场上我第一次见到冰雕作品。在零下二十几度的气温里,露天市场上人来人往络绎不绝,卖俄罗斯杂货的小摊生意红火。这些货物多为望远镜、电动剃须刀、呢子大衣、皮帽、皮靴、手表、刀具和各式各样的俄罗斯皮毛制品。市场里也有一些来自俄罗斯的小商贩,一边采购中国的生活日用品,一边推销他们带来的俄罗斯商品,经常可见中、俄小商贩用以货易货的原始交易方式做买卖。市场上那些劣质的中国生活日用品,就连国内偏僻农村集市上的品质都不如,尽是一些三无产品。在苏联刚刚解体时,我们就是拿这些东西交易给日用品奇缺的俄罗斯人民,确实是没有诚信,更缺乏远见。

当我们乘坐火车通过中俄边境后,原苏联科学院远东分院来接我们的车子已经等在小火车站外面了,我们又坐了几个小时的汽车才到达海参崴,并直接被送上了准备参加这次联合调查的海洋调查船上。海参崴是一个不冻的天然良港,可是溅到船锚上的海水仍被冻成了一个雪白的大冰坨,镶嵌在船头的两边,别有一番趣味。当时外面的温度约零下二十几度,但在船里面很暖和,在舱室里我只用穿单薄的衬衣。

俄罗斯,海参崴,列宁铜像

第二天，我们来到远东分院参观了实验室，这次参观虽短暂，但给我留下了很深的印象。在多数实验室里，我几乎没有看到计算机，只在一个实验室见到一台老式的台式计算机。在那个年代，计算机对于我们已成了常用工具。以前我们因为计算机稀少而强调这强调那地去建造洁净的计算机专用机房，还要专人使用，专人管理……虽然计算机在苏联可谓稀缺，可是他们并没有像我们当初那样去对待稀缺的东西。给我留下最深印象的是技术交流，他们很细致地对待一个我们认为不太起眼的问题，让我感到俄罗斯人心很静，数学功底要比我们好很多。

当时的俄罗斯不仅缺少生活日用品，在"秋林"这样的老牌大商场里，货架上各类商品也很少，食品种类更甚，没有零食，几乎什么都缺。但我却在歌剧院售票处看见排着长队的俄罗斯人，他们安静地等待，排队买演出的门票。在俄罗斯似乎有排队的习惯，我曾在一个建筑的拐角处，见到拿着一麻袋食品的中国人，麻袋里面是小袋装的爆米花，站在他边上的是十几个排队的俄罗斯人，每人并不多买，但一个挨着一个，很有秩序，很有耐心。

我们一直等了近 10 天时间，但何时才会起航还没有落实，也不知道航次计划是如何变动的。当时海参崴的通信工具很落后，主要靠发电报。而当时，电报在国内已经很少使用了，这让我们很不习惯。我们曾去过当地的电报局，一直等了 6 个多小时，由于线路忙还是没有接通国内电话线路。在等待消息的期间，我们迎来了俄历新年。两辆大卡车将几颗高大的松树拉到海参崴城市广场上，竖起了一个高高的钢制树干，从上向下插上锯下来的松树枝，很快就造出了一棵巨大的"圣诞树"；松树干被锯成一张张木板，在"圣诞树"边上建起了几座一人多高的小房子，俄罗斯的木材资源确实很富有。在我们来到俄罗斯近 20 天时收到了国内取消本次联合调查的电报，我们开始准备回国。第二天清晨五点多钟我们启程回国，三个多小时后我们又回到了那个小火车站。

　　我们早上九点多到达车站,因为没有地方待只好在车里等着,关掉发动机的汽车里面很快就变得冰冷,时间长了坐不住,我就下车活动了一下,暖和暖和身子。在零下二十几度的气温下,寒风吹在脸上就像小刀割一样,时间一长刚开始感到刺痛的脸冻得都有些麻木了。呼出来的气在羽绒服的衣领上结了冰,我在雪地上不停地来回跑动,尽管身上并不太冷,可不多久脚就感到受不了了。我们每个人的感觉都是一样,就是脚冷,恨不得让脚离开地面才好。

　　与我们来时不一样的是,现在这里有很多人在等待过海关,在俄罗斯种地的很多中国民工现在都要回家过春节了。小火车站里面几乎是人挨着人,连下脚的地方都没有,据说有的来了一天多,有的已经在冰天雪地里等了两天多时间了。在远东分院的帮助下,下午三点多钟我们总算进到了车站里,几乎是踩着民工打包的行李过去的,很快我们就通过了海关坐上了回国的列车。尽管中俄边境口岸两边火车站的距离很近,大约绕过一两个山头就进入绥芬河车站,可我们到站时天还是全黑了。一次联合调查就这样结束了。后来我才听说,取消本航次的一个原因是因为俄罗斯方面缺少数百美金的补给费用,对于一次海上调查航次这些钱几乎不算什么,要是现在,还不够给一个人发的几天海上艰苦补助,看来当年的俄罗斯确实有很多困难。

　　就在我国海洋调查极度萎缩之时,我们并没有忘记老一辈海洋工作者"查清中国海,进军三大洋,登上南极洲"的夙愿。我国南极科考和大洋矿产资源勘察就是在这样的逆境中发展壮大起来,支撑起了我国极地和大洋科学考察事业,带动了日后我国海洋调查事业的蓬勃发展。"极地"和"大洋"都展现了中国作为一个现代化海洋大国所应有的形象,使中国在国际海洋事务舞台上有了更多的话语权,彰显了中国在世界海洋领域的技术实力。

出海最频繁的三年

1994 年、1995 年和 1996 年是我出海以来最为频繁的三年，也是我真正实质性地广泛、深入地接触现代新型海洋调查仪器设备和了解大洋深海调查作业的开始。

"向阳红 09" 船临危受命

我国大洋资源勘察和深海环调查受到重创的那一次是在 1993 年。5 月 2 日清晨，浙江舟山群岛海域薄雾缭绕，海面蒙上了一层面纱。这个季节正值冷暖气团在东海交汇的时期，海雾阵阵，由南向北袭来，整个海上雾气蒙蒙，能见度极差。此时，隶属于国家海洋局东海分局的"向阳红 16"海洋调查船为执行我国大洋多金属结核合同区资源调查任务，头一天刚从上海启航向太平洋中部的预定海域航行。当时针指向 5 月 2 日 05 点 05 时,随着船体一阵剧烈的震动和嘎嘎的剧烈响声,船上的人都被惊醒了,几分钟后海水涌进了船舱,随后船开始下沉。

仅仅四十几分钟,四千吨级的"向阳红 16"船便沉没了。隶属于北海分局的"向阳红 09"船临危受命,于 1994 年继续执行大洋多金属结核合同区资源调查任务。这是继"中日黑潮合作调查"结束后,北海分局又一次承担的大型远洋调查任务,两次大型出海任务之间相隔了近五年时间。

1994 年、1995 年和 1996 年是我出海以来最为频繁的三年,也是我真正实质性地广泛、深入地接触现代新型海洋调查仪器设备和了解大洋深海调查作业的开始。参加大洋多金属结核合同区资源勘察,使我首次接触了至今为止仍是海洋调查的主力设备,比如 ADCP①、CTD②、浅地层剖面仪、GPS③,也接触了大型深海甲板调查装备,见识了大洋深海重型装备是如何进行调查作业的。

先进的声学调查设备集中出现在 20 世纪 90 年代有种种原因,其中计算机技术的快速发展为数学处理技术的应用铺平了道路。计算机处理技术可以让过去难以实现的傅里叶变换、快速傅里叶分析、卷积计算、小波分析等数学分析技术广泛应用到海洋观测设备和观测数据处理中。美国将二战声学技术解密后用于民间海洋探测设备,使海洋声学探测技术的发展如鱼得水,这是海洋声学和其他调查设备技术快速发展的两个重要因素。这些技术解密并不是仅对美国的,而我国海洋技术领域并没有从中看到商机。相比之下,一些美籍华人的反应却完全不同,在同一起跑线上我们并没有发展和形成自己的技术,反而是由

---

① ADCP 即声学多普勒海流剖面仪,利用多普勒效应原理进行流速测量。
② 特指一种用手探测海水温度、盐度、深度等信息的探测仪器。
③ 利用 GPS 定位卫星,在全球范围内实时进行定位、导航的系统,称为全球卫星定位系统,简称 GPS。

他们向国内引进了大量先进的海洋调查设备。从那时起大批国外厂商开始加大了争夺中国海洋调查设备市场的力度，我们的技术力量则被挤了出去，并且持续了好长一段时间。这段历史应该引起中国海洋技术领域的反思，也更值得国家"863 计划"海洋技术领域管理者的深思。

临危受命的"向阳红 09"船对北海分局是一个巨大的压力。除了CTD 设备以外，船上可以满足黑潮调查的装备完全不能承担大洋深海资源勘察和环境调查工作。为保障完成 DY85－4 资源勘察航次①，北海分局在半年前就开始了紧张的技术准备。当时北海分局唯一的Mark Ⅲ CTD 设备已经在黑潮调查结束后"刀枪入库，马放南山"，由于好多年没有使用了，设备技术状况并不好。当时不像现在，这样的设备很少，没有别的可以替代，只有想办法修好这台设备。这个任务由北海分局调查处安排给调查队，最后落到了 CTD 小组身上。为了修好这台设备，我们小组必须开足马力，全力以赴。

当时我是 CTD 小组负责人，感到压力非常大，我为出海时间长，没有备用设备而担心。在技术图纸不全的情况下，我们一点点地检查设备的故障点，最后故障被锁定在甲板单元信号接收电路板上的一个电子开关上。当时国内进口元器件的种类较少，青岛更没有类似的元器件。为了排除故障，为了一个不及半个小拇指大小的电子元器件，我和同事马训辉沿着当时还不是很长的北京中关村大街来回找了三遍，逐个商店询问，终于我们在黄庄的一个小店铺里买到了性能相似的代用元器件，尽管仍没有十分的把握，但总算有了修复设备的一线希望。

修理好设备的第二天早上，我们开着大头车赶到天津技术所，标定了 CTD 的传感器。趁着标定我又重新复习了几年都没有动过的数据采集程序，也好好地重新整理了一遍 CTD 数据处理程序。尽管这些程

---

① 这是大洋调查航次的编号，即我国"八五"计划期间大洋考察第 4 航次任务。

序都是我自己编写的,但放置时间久了有些细节已经记不清楚,自己再重新看过一遍也感到很累。

最难的是战胜自我

出远海需要准备很多东西。海上作业所需的劳保用品、消耗品、作业物资、文具,甚至是为防滑铺在甲板上的草袋子(那时的条件有限),我们都想到了。各类物资装满了"向阳红09"船前部两间住舱,可谓应有尽有。但还是百密难免一疏,酒就没有带足。酒是出海人为防湿、消除疲劳、快速进入睡眠的必需品,也是闲暇时大家交流感情的必需品之一。需要说明的是海上工作的人喜欢喝酒,但不是酗酒。这个航次我们在海上度过了245天,曾数次停靠夏威夷本岛,但那时我们的钱紧,不舍得买酒(留着买大件)。到了航次后期,我们只好拿罐头汤兑水来充当甜酒。

我国的大洋资源勘察起步晚于发达国家,只有加大勘察力度,加快勘察速度才能改变我们的落后局面,才能赶上世界"蓝色圈地"的整体进度。这就需要提高每一个航次调查作业的效率,更多地完成调查作业任务。临危受命的"向阳红09"船要先完成上一年度未完成的航次任务,两个航次加在一起需要近200天的海上作业时间,这几乎是一年中整个作业海区可以进行调查作业的全部时间段(入秋后调查海域的天气状况会变得很差,难以进行调查作业)。以往的调查航次只有100天左右的时间,都是在作业海区海况最好的时段,可是现在我们四月份就要起航,在海况刚刚变好时就进入测区,一直要到海况开始变差后十月份才能离开测区,返航回国。这个航次也是大洋资源勘察工作的第一个长航次。

每次出海起航时都会有一大批人来欢送，返航靠港时也会有迎接的人群。这些人除了领导，就是来迎送的妻子、孩子和老人们。随着航次任务不同，迎送的场面有大有小。我每次参加大的调查航次，妻子都没有来接送过我，我也不让她来接送我，因为这个场面会让人伤感，我不想让她看到这种场面。至今为止，妻子唯一一次为我出海送行，是2005年"大洋一号"船首次环球科考起航。

在 DY85－4 航次，起初我们与远在千里之外的家人是通过信件联系，由外港船舶代理转交来往信件。到了后期，有很多船员的家里安上了电话，我们可以通过电话与家人相互问候。严格地说，船上打向陆地的不是真正的电话，双方通话先是通过船与陆地的短波单边带，然后再由陆地拨通长途或市话连接到家里的电话。因为短波通话易受到天气和电离层的影响，有时会断断续续，甚至听不清楚。尽管这样，打电话的人还是很多。据说有一名来自上级机关没有出过海的年轻人，几乎每个周末都要打电话回家，几乎用完了一个航次全部的海补（通话要付费）。船员们不舍得这样做，一般一两周甚至一个月通一次话。

"向阳红 09"船于 1994 年 4 月 2 日正式起航执行大洋 DY85－4 资源勘察航次。当时天气还不是太好，从青岛到作业区的航段历经近半个月的时间，一路上船摇摆得比较厉害。来自第三海洋研究所的连广山是一位五十多岁的老同志，他是搞海洋生物的，个子不高，很瘦但很健康，心细手巧，为人谦和。我们在甲板上捡到的飞鱼，被老连做成了精致的生物标本，放在实验台上，恰似一只正在跃出海面的飞鱼，活灵活现。

起航后不久，老连就开始晕船，尽管我们到了作业区后并没有干多少天的活儿就靠了港，但在第一航段的后半程他一直晕船比较厉害，由于呕吐吃不进东西，航段后期要靠打点滴来维持。"向阳红 09"船靠上夏威夷港后，大家都劝他下船回国，领导也担心，生怕出现意外。但他坚定地说:"我再坚持一个航段试试看。你们放心,就算是我有了事也决不会埋怨你们。假如下一个航段我还是不行,到再次靠港时,不用你们劝说我立马自己下船回国去。"在他看来,回去就意味着当了"逃兵"。最终他确实坚持了下来,一直坚持了245天,直到我们一起返回青岛港。他用忘我的精神战胜了自己,这是海洋调查工作者所特有的精神。战胜困难不易,战胜自我比战胜困难更难。

自黑潮调查起,我随"向阳红09"船出海以来,一直都住在后大舱的415房间。那是最靠近船艉的一个最下层的住舱,是一个六人间,推动螺旋桨的传动轴就在房间下面穿过,主轴在转动时声音比较大。住在这里也有好处,当船摇晃起来时这里比其他住舱都要稳一些。舱室的上面就是后甲板面,太阳晒在住舱室顶部的钢板上,我们曾经测量过室内房顶的温度有三十多度。空调冷风送到这里已经是最远端,已经变得不凉了,整个房间就像一个大蒸笼。为了降温我们常向甲板上洒水,撒上去的水被炙热的甲板烤得直冒热气很快就干了。为了存住水,我们将草袋子铺在甲板上,就是这样也要经常去洒水,否则一会儿也要被烤干。由于房间靠近船艉,平时不能开舷窗,否则甲板上浪时海水会打进舱室。在二层甲板的复印机室里有一个工作台,摆上计算机就成了我的工作间。尽管房间很小但空调好,不久我就搬到工作间里去住了。这样干起活来方便,累了倒下就睡,醒了不管是白天还是黑夜都可以干活,还不会影响别人休息。整个航次我在住舱仅住了十几天,之后就一直睡在工作间的地铺上,就这样度过了200多天的海上生活。

随"向阳红09"船出海的共有108人,清一色的男士。当时船上的海水淡化能力很低,不够机器和人员消耗,所以每人每天的淡水都限量(不包括喝的热水),为此船上给每个人发了一个大塑料桶,用来接淡水。船上的淡水管每天早上只开放5分钟,每人接到桶里的淡水是一天洗漱用的全部用水,洗澡、洗衣服要靠空调排出来的冷凝水,冷凝水的碱性较高,洗工作服很去油。

尽管大洋上的气温不算高,但阳光直射下我用温度表测过,执勤甲板的地面有五十多度。在气温接近三十度的作业区,我们也得穿着长袖衣裤干活儿,在强烈的阳光下,待上不大一会儿全身会因出汗湿透,否则会被晒脱皮,就是这样工作时间长了也会感到皮肤发痒,这是暴晒引起的皮肤反应。下班后想冲凉可淡水不够用,所以只能用湿毛巾擦擦了事。由于洗澡缺水,有些人会乘着大雨时洗澡,也有遇到过打上肥皂突然停雨的尴尬场面。太平洋的夏天雨水很多,赤道区域每年平均降水约有一两千毫米,是青岛全年降水量的几倍。赤道附近的雨,只要有一块黑云,说下就下,而且下得很大,就像是一桶水从天上倒下来一样,隔着雨衣打在身上都会有痛感。在倾盆大雨下作业,全身被淋得湿透不说,雨大得让你睁不开眼,站在雨里感到全身发冷,有时冻得嘴唇都会发紫,进到有空调的住舱里甚至会感到很暖和。瓢泼大雨有时也能连续下上一整天,甚至是更长,但也说停就停,从瓢泼大雨到烈日当空几乎就是一转眼的工夫。

海洋调查的从业者们就是在这样的艰苦环境中工作着,他们热爱海洋,敢于挑战自我,勇于奉献。有了这种精神,就不会把从事海洋调查仅作为谋福利,或是作为养家糊口来看待,而是当作事业。这就是中国海洋调查的从业者,他们都是普普通通的人,但他们用自己简单的语言和实际行动,诠释了对民族,对祖国,对海洋事业的忠诚。

创造新纪录

我国刚开始参与"蓝色圈地",参与国际海底矿产资源竞争时,因起步较晚急需追赶国际的步伐。深海资源勘查让我国海洋调查装备和调查作业方法也同样面临着考验,面对数千米的深海和深海海底,我们的确在调查作业的很多方面知之甚少,甚至是一无所知。深海作业与浅水作业在很多方面截然不同,以前我虽有一些深海作业的经历,但深入了解它这是第一次。这一次由于"向阳红 09"船临危受命,准备时间短,调查船的技术装备不够完善,加之缺乏深海调查作业经验,要在一年的时间里完成两年的工作量,弥补因"向阳红 16"船耽误的时间,的确有很多实际困难,也并不为人看好。

与现在的大洋勘察相比,当时我们使用的深海取样设备还很原始,那时使用的主力取样设备是一种称为"无缆取样器"的装置,这是一个经过改进的常规小型机械抓斗,取样器可以重复使用。取样器在压载物重力作用下,下沉到 5000 多米的深海海底,接触海底后释放出压载的矿砂,在弹簧的推动下取样器合拢,获取几公斤海底表面的结核样品,然后靠浮力球缓慢上升到海面。有些取样器还带有闪光灯和照相机,在接近海底前拍摄一张黑白照片。无缆取样器布放后要等几个小时才能返回海面,当取样器上浮到海面后,船慢慢靠近,用网具或抓钩打捞回收。现在已经不再使用这种取样器,已被有缆可视取样设备替代。

回收时,仅是发现飘在海面上比篮球略大一些的无缆取样器浮球就很困难,尤其是在白天,用望远镜看不了多长时间,眼睛会被海面强烈反光刺激得很难受。反倒是在夜间,远远地就能看到无缆取样器上的频闪灯。但是船员们要操控 100 多米长的"向阳红 09"船靠近随波逐流的浮球并不是一件容易的事情,尤其是风力较大时,很难靠近,有时需要好几次才能挂住浮球,打捞出水。开始时我们一天只能做几个取样站,按照这样的作业进度,一年时间显然完不成两年的工作量。我们和船长商量加快作业的办法,尝试着在放完取样器后船先开到下一个站位,继续释放另外一组取样器,然后再返回到前一个站位等待和打捞浮到海面的取样器。按照这个办法,我们做了几次都很顺利,并发现在返回前一个站后还要等上一个多小时取样器才能浮到海面上。于是我们又提出了改进的办法,依次连续布放三个站位后,再返回到第一个站位回收浮到海面的取样器。逐渐地船员们操船熟练了,他们不断总结各种情况下接近浮球的方法,回收取样器用时越来越短,无缆取样的作业速度加快了好几倍。当然对每个班的作业速度也要求更高,劳动强度也随之加大了,为此也引来了一些非议。但是加快作业速度是航次的大势所趋,不久设计站位很快就要做完了,在此之前没有人预计到"向阳红 09"船第一次进行深海无缆取样作业,竟然能创造出这样的作业速度。

对"向阳红 09"船的船员和调查队员来说,压力就是动力。我们在经过多次尝试后,很快从失败中总结了经验,找出了差距,提出了有效的解决方法,并慢慢地形成了一套自己的作业办法。我们经历了反复,经过了争论,也走过很多曲折的路,但是最终为国家民族和子孙后代负责的精神成为大家的共识,放弃了单位和小团体的利益,用高效率的作业完成了看似难以完成的任务,用自己的实际行动为缩短我国与发达国家的差距,为我国在海底资源国际舞台上有更多的话语权做出了贡献。

无缆取样作业完成后,我们在结核区近 5000 深的海底进行了第一次拖网作业。这是我第一次在这样的深度进行拖网作业,不知道如何进行拖网,更是难以想象如何才能完成计划中为冶炼试验采集三吨多样品的航次任务。按照以往的作业方法,我们用了几个小时把网放到了海底,而后开始进行拖网。虽然我不知道如何进行结核区的拖网作业,但是也曾有过地质拖网的经验,只是深度要浅很多。不久我们凭直觉感到现在的拖网方法不太可行。经过近半天的时间,第一次拖网作业结束了,当拖网上到甲板时看到只获得了几十公斤结核样品,大家都很灰心。这时我才明白,为什么要设计那么多次的拖网作业,看来要完成获取三吨多样品的航次任务,这样的作业我们还要进行好多次。在分局科技处长的鼓励下,我们开始分析作业过程,找问题,出主意,想办法,商量新的拖网作业方法。尽管分析结果是对过去拖网作业方法的否定,可一次拖网仅获取几十公斤的现实情况,让首席科学家只好同意尝试一下我们提出的新办法。第二次拖网也用了差不多大半天的时间,当拖网升到甲板时首席科学家和其他现场的人都惊呆了,结核样品多的几乎要把网撑破,足有一吨多。"向阳红09"船第一次(也是唯一的一次)参与深海多金属结核资源勘查就创造了结核拖网取样的纪录,这不是偶然的,是北海分局全体船员和调查队员不迷信,敢争先,不辱使命的结果。

　　一吨多的结核连同海底浮泥倒在甲板上是很大一堆,调查人员用海水冲洗掉浮泥后,筛子里除了多金属结核还有一些鲨鱼牙齿,有些比较大的牙齿他们也会收集在一起做个纪念。当我吃完饭回到作业现场时,只剩下很小的一堆还没有来得及处理的样品。我用筷子拨开上面的泥,想寻找圆球状的多金属结核做个纪念。还没有拨几下就看到一枚很大的"鲨鱼"牙齿,拿在手里有我半个手掌大小。然后我又找了一会儿,只找到了几颗小一些的"鲨鱼"牙齿和不太圆的结核球,我把它们一起放在饭碗里。当我用淡水一冲,那个大的三角形"鲨鱼"牙齿的表面还闪着光亮,颜色呈暗棕色,有一点漆器的感觉,牙齿表面像涂了一层油漆一样闪闪发光;在牙齿的边缘上整齐排列着小锯齿状结构,用手摸上去感觉很锋利;牙齿的里面已经空了,长满了黑色的多金属结核。我小心地收好这颗"鲨鱼"牙齿,其实这是否是鲨鱼的牙齿我并不知道,但并不妨碍我的想象。有这样一排大牙齿的"鲨鱼"体格一定会很大,假如现在被捞上来一定会让人大吃一惊,成为世界一大新闻。其实,按照达尔文的说法,已经灭绝的生物物种数量远远要比现在留存的多,被大自然选择留下来的只是少数能够适应新环境的生物。

夏威夷给我的第一印象

我们的作业海域位于夏威夷群岛东西两侧的低纬度海域,因此夏威夷就成了距离我们作业区最近的补给港口。"向阳红09"船第一次停靠夏威夷时,唐人街就在码头的对面。唐人街所占区域不大,看上去似乎有些比较封闭,尽管没有什么明显的标志,但建筑风格以及这里很多中国式的小商店,足以表明这里与华人关系密切。

夏威夷港口的标志性建筑(1994年)

唐人街距离夏威夷的商业区和著名的海滨旅游区有段距离,中间隔着日本人和韩国人的居住区。唐人街和日、韩居住区的差距是很明显的,不仅是街道和建筑物的风格,就是警察的巡逻车也不一样。据说日、韩居住区环境好是有原因的,他们会推举出一个人来替社区居民说话,比如要求政府改善居住区的基础设施和环境条件。华人则不同,推举不出一名大家都认可的代言人，政府也就不太关注改善唐人街的周边环境。

那时我们都知道日本人很有钱，可当地人仅能看出我们是亚洲人，却分不出是日本、韩国、中国台湾地区还是中国大陆来的。亚洲人一进到商店，服务员会先用日语问好，接着是英语或韩语。在夏威夷只要有购买电器时的小票就可以退货，即便是你用了一段时间的也不需要什么理由，一句不喜欢了也算是对退货的解释。

靠港后为了走得远一些，有人买了旧自行车，很快夏威夷的跳蚤市场就被我们找到了。跳蚤市场是为处理家里不常用的东西提供一个固定的交易场所。美国人会把很多自己家里多余或者不再用的东西卖掉，市场上的商品各式各样，五花八门，价格也很便宜。尽管交易也要收税，但很低。在跳蚤市场也能见到固定摊位，也有不少中国货，但不是国内常见的样式。

作者在珍珠港纪念馆"亚利桑那号"船锚处留影

二战后，美国人在珍珠港的亚利桑那号战列舰上修建了烈士纪念馆，远远看去纪念馆像是一个白色的巨大枕头。纪念馆分为陆地和水上两个部分,全部免费参观,战列舰的巨大船锚就竖立在纪念馆的入口处。看完电影《偷袭珍珠港》后,我们分批乘船来到纪念馆,透过清澈的海水,可以清楚地看到下面的亚利桑那号战列舰,在不远处,每隔一段时间还可以看到从舰体里冒出来的油花。在纪念馆巨大的大理石墙壁上,雕刻着每一位烈士的名字。

波利尼西亚文化中心是夏威夷很有特色的地方,可以理解成是一个大的游乐场,但跟迪士尼不同,这里主要是介绍波利尼西亚的民族文化和民俗民风。场地里有很多循环表演,有些是娱乐性的,很多带有强烈的民族色彩,比如采摘椰子和钻木取火。

表演者用绳子套住自己的双脚,迅速爬到高高的椰子树上摘下椰子,然后剥开椰子外面的硬皮,取出椰子壳,再拿一块半个鸡蛋大小的鹅卵石打碎椰壳。我只看到他在椰壳上用鹅卵石"轻轻"一击,坚硬的椰子一下子就被他整齐地掰成了两半,而椰汁几乎没洒出来,动作干净麻利。随后表演者取下一些椰子外皮上的绒絮,包裹在一个干木头上,手持一根细长的木棍压在木头上,并快速转动木棍,不一会儿下面的干木头开始冒烟,随后绒絮变色,表演者向绒絮轻轻吹一口气,马上就冒出了火苗,这是钻木取火。

给我印象很深的还有那里的立体声影院,这是我第一次看这种电影,内容以介绍波利尼西亚土著人狩猎为主。放映场地是特殊设计的,后一排座位几乎是坐在前一排人的头顶上。屏幕很宽,呈一个巨大的弧形,影院的立体声效果十分逼真,随着影片的画面你能感觉到猎手正在寻找的猎物是从哪个方向跑了过去,一点声音都会带给你明确的方位感,就像是自己亲临其境。尽管有很多狩猎场面,片子并不恐怖,也不血腥。结尾是一架直升机飞行中的镜头,直升机沿着弯曲的海岸飞行,随着飞机的高低起伏和左右转向,让你感到自己也在不由自主地上下左右摇晃,这完全是由视觉和声音制造出来的幻觉。

尽管夏威夷的风光美,气候好,城市也干净,但我总觉得还是比不上冲绳群岛。在"中日黑潮合作调查"时,我去过一次冲绳群岛的那霸市,那是我第一次亲眼见到热带海洋的海岸和海水,我跟随日本同行在岛上旅游了一圈,冲绳的自然风光给我留下了很深、很好的印象。夏威夷虽有很多自然风景,但总有一些人为的痕迹,人造的东西要比冲绳多一些。假如让我评价这两个地方,我还是感到冲绳好一些,也许与冲绳的文化气息、民俗和食物更接近中国有关吧。

在我们起航第 245 天后,大洋 DY85 - 4 航次胜利结束,我们沿中纬度航行了半个多月才回到了青岛母港。回来后不久,我有幸在科技处刘建筑处长的带领下,参与了"雪龙"船首次调查设备技术改装工作。在这次改装之前,"雪龙"船基本上没有海洋调查作业能力。这次改造是修船、实验室改装和设备安装一并进行,时间有些紧张,几乎在起航前我们才基本完成了设备安装,还没有来得及进行整体调试,"雪龙"船就出厂进行航次准备了。极地办决定由北海分局安排技术人员负责新装调查设备的第一次使用,于是我在 1995 年 11 月有幸参加了南极第12 次夏考,跟随"雪龙"船去南极执行"一船两站"①任务。

"雪龙" 似乎躺下了

距离第 12 次南极考察队起航时间越来越近了,新安装的调查设备仍然没有调试好。记得在起航前的三天里,我和北海分局科技处刘处长白天调试设备,晚上(依照美国的工作时间)通过电话和传真与美方技术人员讨论白天遇到的问题,商量解决的办法,第二天白天接着进行

---

① 即搭乘"雪龙"船对长城站和中山站进行考察。

调试,并继续记录好调试中遇到的问题。每天,我们只能从凌晨到早饭前睡上几个小时,吃过早饭后接着工作。就在起航的前一天晚上,我们终于完成了全部设备调试,各台设备都运行正常了。直到这时我才感到太阳穴一直在不停地跳动,头好像要炸裂开一样的疼痛,浑身没有力气,只想睡觉。上午我强打着精神参加了起航仪式,当船一离开码头我赶紧回到房间倒头就睡。我几乎睡了整整一天的时间,没有吃东西,直到第二天早饭时才起床。

起航后,"雪龙"船平稳地航行了十几天,在越过赤道时按照航海的惯例举行了一个仪式,戴着面具的船员和科考队员们在飞行甲板上跳起了祈福的舞蹈。"雪龙"船经过西风带时,我遇到了自己所经历过的最大一次船舶摇摆,感觉船有好半天都是偏着的,好像正不回来了似的。我和刘处长把怕摔的东西都收拾好了,连喝水的不锈钢杯子也放在了两床之间的写字台下,杯子下面还铺上了一块抹布以防杯子滑动。尽管船一直在较大的摇摆中航行,我们仍悠闲地对坐在各自床边上,看着借来的录像带。不久船似乎减慢了速度,摇摆的幅度也开始大了起来,但是我们并没有太在意,航行在西风带里摇摆大一些是很正常的。

"雪龙"船过赤道时大家跳的面具舞

就在这时突然"雪龙"船猛烈晃动了一下,刘处长一下子就躺到了床上,我感到自己刚抬起手就已经按到了他床后面的墙上,几乎是扑了过去,一下子压在了他的身上。紧接着我们听到一阵乱响,好多房间没有提前锁好的衣橱门被冲开,里面的东西全部倒了出来,有的东西被甩出房门,跑到了走廊里,我们捆绑在写字台上的录像机和电视机就几乎没有移动。后来听说"雪龙"船在过西风带时主机的缸体出了点问题,需要停机封缸,船暂时没有了动力,随波逐流地飘在了海上。也就在主机封缸的几十分钟里,"雪龙"船单边最大摇摆达 42 度,也就是说船半躺下了。

船在航行中尤其是在大风浪和狭窄水道里航行,动力最为重要。失去动力的船舶就像是漂在海里的一片树叶,随时都可能被海浪打翻,随时都有触礁的危险。在我们所看到的海洋调查船宣传材料里,通常讲船长却很少谈老轨。可是大凡搞船的、搞海上航运的,最重视的却是老轨。这种重视程度上的区别,恰恰印证了没有动力这个资本,其他就都谈不上了。

南极,美丽的冰山

在"雪龙"船航行期间,我的生活也很有规律,吃过早饭后睡觉,午饭基本不吃,因为一觉醒来一般都过了中午的饭点,下午起床后多是聊天,吃过晚饭后开始工作。"雪龙"船是苏联建造的,船上有一个很像样的桑拿室,边上是一个篮球场和一个很小的游泳池,都是大家常去活动的地方。吃过晚饭后,我先去打开桑拿室的电源开关,开始为桑拿室加热,一两个小时后桑拿室被加热到五十几度。

随后,我就去实验室做一些晚上工作的准备工作,然后去篮球场活动。我经常与极地办王德政副主任比赛投篮,有时也会几个人一起打排球、踢足球、打乒乓球,总之一身汗后会到桑拿室里蒸一会儿。这些活动一般在九点钟左右结束,我回到实验室会感到浑身轻松,然后开始工作,主要是对在"向阳红09"船上编制的 ADCP 和 CTD 数据处理程序进行一些技术方面的改进。航行期间时间很充裕,我重新梳理了一遍数据处理的基本概念和关键技术手段。有时整夜实验室只有我一个人,除了船的航行声音再无别的干扰,非常有利于思考问题。我还利用那段时间学了一些新的软件和编程工具,后来在西北太平洋调查中使用的 Matlab 语言,就是我在"雪龙"船上学会的。

海洋三所(国家海洋局第三海洋研究所)参加南极科考的人员年龄都比较大,他们很喜欢喝乌龙茶。见船上的年轻人在餐厅里搞了一个"酒吧",他们就在实验室办了一个"茶馆"。我工作的水文实验室与他们的实验室对门,因此我经常去"茶馆"与他们喝茶聊天。那时北方喝乌龙茶的人不多,乌龙茶很香,但也很浓,喝上一阵子会感到肚子饿,夜餐的雪菜肉丝面就会多吃一些。在船上尽管我基本不吃午饭,可夜餐却落不了。

当"雪龙"船穿过西风带后不久就进入浮冰区。大片的浮冰过滤掉了汹涌起伏的波浪,仅剩下了波长较大的涌浪,"雪龙"船就像在巨大的湖里航行一样,有节奏地缓慢摇晃着,不久我们就看到了冰山。南极的冰山就像一座飘在海面上的巨大建筑物,阳光照在冰山上,有些地方已经开始融化,形成各式各样十分奇怪的形状,映出偏蓝色的光,晶莹剔透,美不胜收。冰山露出海面的只占整个冰山的一小部分,与之相比万吨级的"雪龙"船就像是漂在海面上的一片树叶。这时你会深感大自然之美丽,之神奇,你会从心底由衷地敬畏它。海洋学中著名的"风生漂流理论"就是挪威海洋科学家南森在乘"弗雷姆号"海洋调查船在北极考察时,观察到冰山的移动方向与风的作用方向不一致的现象,而后与好朋友——同为海洋学家的艾克曼共同研究出来的结果。

"海洋四号"南极探险

"雪龙"船在浮冰区航行几天后到达了长城站附近海域,给站上运输物资是它的一项主要任务,各类物资用小船运到长城站去是一项既辛苦又危险的工作。

大洋科考队和物资运输

集装箱被"雪龙"船的吊车吊放到小船上,然后运到长城站的临时码头,大洋科考队是运输物资的主力军。船员负责开船,大洋科考队负责装船和押运,站上的人员负责卸货。当时尽管是南极的夏天,天气变化还是很快的,下雪也是常有的事,海雾说来就来。有一次我们乘小船返回时,距离"雪龙"船已经很近了,突然一阵大雾飘来,随即我们就看不见大船了,只好靠"雪龙"船上的雷达,再凭借对讲机的指挥和引导,慢慢地向船边航行。

　　承担物资运输的船很小,靠在"雪龙"船旁边。开吊车的人是看不到小船的,全部吊放动作要靠大副的手势来指挥。吊下来的集装箱由大洋科考队员协助堆砌,由于船小,集装箱摆放得很满,我们协助堆砌的人没有多大的躲避地方,只能随着箱体的摆动,不断调整自己的位置。有一次刘处长实在没有地方可躲了,只好跳到两个集装箱中间,这还算是好的;一名中科院海洋所的大洋科考队员也遇到了类似的情况,他左顾右盼后只好一咬牙跳进冰冷的海水里。尽管当时是夏天,南极的海水温度也在零下一度,水里有多冷就可想而知了。

　　尽管从"雪龙"船到长城站的运输线路不长,可由于地形复杂,有时还会搁浅。有一次小船搁浅后怎么也退不下来,一名随船的大洋科考队员吓得跳上露出冰面的岩石,怎么叫也不回船上来。胆小是人的一种正常生理反应,在海上遇到大风浪时我也会紧张害怕。

　　在极地作业和运输物资时存在很多不确定因素,也有一定的危险。曾经听别人讲过这样一件事:一次在中山站运输物资的船靠上科考站边上的临时码头后,因有事他们都去了站上,没有立马接着返航,转运的小船就停在了码头边上。就在这时远处的一座大冰山倾倒翻转,掀

南极物资运输

起了很大的波浪,传到岸边时一下子把运输船推去岸上很远,幸好当时没有人在船上,否则很可能受伤,后来他们费了好大的劲才把小船拖到海里。冰山在阳光的照射下融化是不均匀的,形状也很不规整,水上与水下融化的速度也不一样。当水上和水下融化到一定程度时,整个冰山就会失衡,重心改变会导致冰山倾倒(或翻转)。水下均匀融化的部分会露出了海面,外形均匀光滑,像是一个巨大的球面。

雪地车也是运输物资的常用工具,尽管冰很厚就连破冰船也拿它没有办法,但并不是铁板一块,也会有不少裂缝,搞不好人和车都会掉下去。在中山站就曾发生过雪地车掉进冰缝的事,幸好驾驶员训练有素,从车顶上面的透风窗离开了下沉的雪地车,有惊无险。

我仅到了南极的边

就在我们忙着卸货时,机舱里的一台辅机起了火,那天正好是元旦。尽管火灾造成的机舱损失很小,但连接主机和驾驶室的几十对信号电缆被烧毁,使"雪龙"船不得不放弃了一船两站的计划,因此我也没了去中山站的机会。按照我们同行的说法,仅到过长城站不算是去过南极(因为长城站仅在南极圈的边上),所以我仅算是到了南极的边。

火灾对于船舶是致命的,这次失火是我一生中遇到的唯一一次。已经记不清船舶的火警信号了,只记得是短而紧促的铃声。辅机起火时,我正在实验室看书,听到火警信号我立即跑了出去,只见船艉部的机舱冒出了黑烟,有人在高喊快拿灭火器。我马上返回实验室,拿着一个灭火器就跑到五六十米外的机舱门口,接着返回住舱边帮着接消防水管。想想要是平常,我拿那个灭火器充其量只能扛着走。那不是一个普通的手提式灭火器,而是一个带推车的大灭火器,有几十斤重,看来人在特殊情况下的力气是不能用日常大小来衡量的。

　　进入机舱的数吨低压二氧化碳灭火剂起到了关键作用,辅机的火被压制住了,很快"雪龙"船就恢复了正常,可是整个机舱像是盖上了一层"面粉",第二天大洋科考队开始清理机舱里的"面粉"。我们用水桶一桶桶地清运出舱,七吨多的"面粉"我们整整清了三天。由于机舱与驾驶室之间的控制线路和少数供电被损坏了,原来由驾驶室直接控制,现在变成了用电话通知机舱,全部都要由技工手动操控。因为机舱的水泵不能工作,住舱里暂时没有了淡水,我们只好到海里捞冰块,用电水壶煮开了喝。南极的老冰(形成了多年的冰)基本上都是淡水,新冰会略带一点咸味。

　　捞冰块时,可以看到海里的磷虾,用手就能轻易地捞上来。磷虾外皮坚硬,身体几乎是透明的,基本上没有什么肉,活着时呈红色,但煮熟了就变成白色,有点类似渤海的虾皮。南极的磷虾很多,在去长城站的路上,我们从鱼探仪上看到的磷虾群有几百米宽,几十米厚,数海里长,数量惊人。在南极无论是企鹅、海豹还是鸟类等,多以磷虾为主食。

南极的冰山和企鹅

失火造成的线路故障仅依靠船上的技术力量是难以修复的,要恢复航行能力,"雪龙"船必须再次穿越西风带,越过德雷克海峡开到智利的港口,然后再由国内的技术人员来修理。现在我们首先要完成卸货,然后把船开到智利。在等待消息时,我去了长城站,那里有很多住房可供夏考队员休息。长城站的房子都是架在空中的,离开地面差不多有一人高,冬天时好让雪从房子下面穿过,不然雪堆积在房子一边会压倒房子。每个房间的面积不大,建筑群之间有较远的距离,路都是用鹅卵石铺成的。远处有几个并排放置的大储油罐,只有来年"雪龙"船再次到来时,才能进行油料补充,存储的油料可供站上整个冬天发电用。当时留在站上过冬的只有十几个人,他们的食物都是这次补给的。鱼、肉可以冷冻,存储容易,最困难的是蔬菜的存储,因为蔬菜难以长时间地保存。

　　我们刚到时,第一船先是送去了很多蔬菜,站上越冬的人拿起胡萝卜连洗都不洗一下,用手捋几下就吃了。在南极过冬的八九个人长时间待在一起,时间长了把所有的话都说完了,能聊的都聊了好几次,这时人就会变成另外一个样子。有人在背后叫他时,他不是转头,而是头不太动,整个肩膀转过来。眼神也很淡漠,似乎没有什么能引起他的关注和兴趣。

　　和我们一起去站上的还有一名自由撰稿人,他是一名摄影师,要去站对面的小山上拍摄傍晚时长城站的美丽景色,我们在路上遇到几头晒太阳的海豹。海豹很懒,就是走到它的跟前,它都懒得抬头看你。我们从离它几步远的地方走过去,海豹也只是抬头看了一眼,接着就继续睡它的觉。到了小山上,摄影师开始支起摄影架子,寻找角度,自己忙了起来。不久我们离开小山向企鹅岛走去,摄影师一个人留在这里,等待最好的拍摄光线。

　　企鹅岛是一块突出的半岛,距长城站不远,岛上有很多企鹅。我们要经过一大片长满青苔的高地，踏着松软的青苔像走在厚厚的地毯上面。突然一只贼鸥向我们俯冲过来，贼鸥展开的翅膀足有两米宽，像是一架俯冲的灰色战斗机，吓得我们赶紧蹲在地上，不知这家伙是否会来啄我们的眼睛。它在我们头上几米高的地方快速地掠了过去，随后见它转了一个大圈后，又一次向着我们俯冲过来，这次我们听到了小贼鸥的叫声，就在几米远之外的地方。这时我们才明白是我们离贼鸥的窝太近了，它在保护小贼鸥。我们赶紧向远离鸟窝的方向走开。

路上我们看到了不少贼鸥偷吃企鹅蛋。企鹅不怕人，其实南极的动物几乎都不怕人，因为它们的进化过程不像生长在非洲大草原上的动物，它们没有与人一起进化，没有领教到人的厉害。企鹅吃了磷虾后排出的粪便是红色的，气味很刺鼻，眼睛会被刺激得直流泪，睁不开眼。企鹅繁殖后代的窝搭在地面上，一个挨着一个，遍地都是。所谓的"窝"也就是用小石子围成的一个圈，小企鹅站在大企鹅的脚下，伸出毛隆隆的小脑袋好奇地看着我们，很是可爱。如果靠近一点，大企鹅也会仰起头来发出警告的鸣叫声。

当我们回到长城站时已经接近天黑了，没有见到摄影师，以为他又到别的地方拍照去了。南极夏天的夜晚很短，即便是夜里，天也不太黑，与青岛的黄昏差不多。我与站上的人聊了一会儿就去休息了。第二天一早，摄影师才背着行装疲惫地走回来，我们问他又去哪里了，他摇摇头："别提了，你们走后，我只顾得观察光线和拍摄角度，并没有注意到涨潮，等我拍完才发现自己在一座孤岛上，四面全是海水。我们一起来的路已被海水淹没了，我又没有带对讲机，只好一直孤独地等在那里，等潮水退去这才返回站上。我饿了整整一个晚上，到现在还没有吃一点东西，实在是又饿、又渴、又累、又乏。"

南极长城站合影（作者左二）

按照新的计划，"雪龙"船即将告别长城站，起航穿过德雷克海峡去往智利最南端的城市蓬塔阿雷纳斯，等待国内工程技术人员的到来。这次穿越西风带与上次完全不同，船已经由自动驾驶变成了手动控制，全部靠电话，机舱里到处都是人。这次运气很好，老天很作美，天气晴好，风也不强，感觉海浪也比来的时候小多了，我们很顺利地穿过了德雷克海峡。不久"雪龙"船驶入了麦哲伦海峡东口，到达了蓬塔阿雷纳斯港外锚地。

在智利的日子

当时我对智利了解的并不多，仅知道智利渔业资源丰富，还富产铜矿。我在介绍智利的资料里并没有看到有关智利盛产葡萄酒的介绍，所以打算靠港后买几件铜制品作为纪念。我们到达智利后先是在港外锚地抛锚等待靠港。有一天刚吃过早饭就听到有人喊："船边上有很多大鱼。"开始出来的多是喜爱钓鱼的人(尽管是夏天,船的外面还是有些凉),一条鱼线上拴几个钩,海里的鱼多到了扔下鱼线后马上能感到鱼坠打在了鱼身上,紧跟着就可以收线,钓上来的每条鱼一般有两三斤重,大的有四五斤。摘下钩后可以接着再重复一次,每次都不会空着钩,至少也有一条鱼。

非钓鱼爱好者看到这个场面也按捺不住了,没有渔线就找根细绳子当鱼线,没有鱼钩就去借几个用,没有鱼坠就用大的螺丝帽来代替。总之,十八般兵器全用上了。没过多长时间甲板上到处都是鱼,靠得近的人已经分不清楚哪条是自己钓上来的了。两三个小时后,鱼群过去了,大家开始收拾渔具,清点战利品。不知道刘处长从哪里拿来一条活鱼,足有三斤多重。宰杀后下锅煮,本来觉得这么新鲜的鱼煮出来的鱼汤一定很鲜美,其实并不是,煮熟的鱼不但没有鲜味,还有一股说不出的气味,后来被我们全部倒掉了。新鲜的鱼不好吃,只好晒成鱼干,等大伙忙活完了,甲板上几乎是一层厚厚的鱼鳞,大副只好让水手用高压消防水冲洗甲板。那段时间,船外面到处都是晾晒的鱼,总会闻到一股咸鱼特有的味道。

"雪龙"船靠上码头是在一个晚上,离岸风很大,两条拖船吃力地推着船缓慢地靠向码头。我正在实验室里,透过舷窗可以看到慢慢接近的码头灯光。不久我感到船体突然一震,接着听到一声沉闷的响声,我大吃一惊,出去一看船已经靠在码头边上,并没有发现什么异常。第二天吃早饭时才听说船艉撞上了码头。早饭后我下船到码头上溜达接接地气,看到船艉处有一块油漆掉了,露出锃亮的船板,码头上一块大青石已被撞裂,可船体并没有变形。

在码头修船的那段时间,我们经常去逛街。蓬塔阿雷纳斯是智利最南边的城市,也有鱼市场。他们很乐意我们用中国香烟换海货,也很喜欢中国的烟草。两盒青岛的"哈德门"香烟,可以换三只大螃蟹,我们隔几天就去一次。有一次去晚了,遇到鱼市收摊,我看到摊主在用洗衣粉洗刷自己摊位的地面,让我感到智利人很热爱自己的城市。

智利是世界著名的大渔场,来自深海的上升流将海底丰富的养料带到上层,在海岸不远处形成了渔场。智利的捕鱼业很发达,我曾见到渔船用传送带卸下做鱼粉用的杂鱼,每条都有一斤多重,在青岛这样大的鱼都上了餐桌,而不像在这里被做成饲料。修船时正逢中国的春节,我们到蓬塔的超市去置办年货时,注意到智利还盛产葡萄酒。这里的葡萄酒多为纸盒包装,从五升的大包装到类似儿童牛奶一样的小包装,各式各样,有好多品种,似乎智利人拿葡萄酒当作饮料喝。超市的酒架上也有玻璃瓶装的葡萄酒,还有威士忌,这些酒之间的价格差距也没有国内那样大。大年三十那天晚上,"雪龙"船搞了一次集体聚餐。在国外过年,没有了鞭炮声,年味不足,但大家聚在一起还是很热闹,很开心。

上海沪东造船厂的工程技术人员从国内赶来后,经过夜以继日的抢修,只用十几天时间就恢复了"雪龙"船控制线路的主要功能,基本具备了航行的条件。由于蓬塔阿雷纳斯不通火车,"雪龙"船无法补充灭火时消耗掉的几吨低压二氧化碳灭火剂,只能北上航行到瓦尔帕莱索去加注。起航前,大洋科考队为"雪龙"船大货舱做了一次大扫除。

我在清理时看到整个大舱里到处都是长短钢缆吊扣、U 型环、垫木块等,吊运和捆扎固定用的器材零零散散地分布在各个角落里,感觉有几年没有清理过了。我们整整收拾了两天时间,打扫了大货舱的每一个角落,仅是吊扣等杂物就装满了大半个集装箱,还用掉了几吨已存放很久的过期水泥,清理出去了一大片渗漏出来的像沥青一样的重油。

遇到了大风浪

据说智利内水道的风光十分秀丽,但会有好多暗滩、激流和暗礁,走内水道就要强制引水。"雪龙"船此行没有走内水道,而是从麦哲伦海峡西口进入太平洋,然后北上至瓦尔帕莱索。船刚出海峡口时,风力并不算大,根据船上的短期天气预报,海面最大阵风九级。现在六七级风对"雪龙"船算不了什么,"雪龙"船向北继续航行。可船越向北走,风就越大,我们开始并没有很在意,就这样我遇到了自己出海以来的又一次风浪。其实,我遇到过的较大风浪,往往都是在不经意中到来的。

不久,海上的风已经不是预报的七八级,阵风九级了,气象仪的风速一直在缓缓增加,看上去风并没有减小的样子,"雪龙"船现在只能继续顶着风浪航行,不能轻易调头。大浪打在船上发出低沉的声音,随着船的摇摆,整个船体在巨大外力的作用下也发出了变形时的吱吱声。船在不断地摇晃着,我开始听到旁边很多房间里传来呕吐的声音。我住的新区(为了增加船的载员人数,在"雪龙"船老区后面的大舱上面加装了新的住舱,这里被称为"新区")距离船头有五六十米远,我的房间位于新区右舷的最后面,侧面没有舷窗,舷窗向后开,透过舷窗可以看到艉部机舱的排烟管。新区的舷窗是铝质的,有些发涩,平时我们不会关得很紧,经常开着窗透气,即便是下雨,轻轻拧紧后也就不会渗进雨来。可是现在随着风浪越来越大,从船头和侧面扑上来的海浪聚集在住舱的上层甲板来不及流走,海水越过挡水沿,像瀑布一样从我们的住舱舷窗前泻下,再从舷窗缝里漏进来。窗下的桌上到处是水,我连忙拆掉电视机和录像机,费了好大的劲才把舷窗拧紧,然后又用布条紧紧地塞住缝隙,尽管还是有点漏,总算是少了很多。

大浪中从船头掀起的水团

　　当我忙完了住舱的舷窗来到驾驶室时,阵风已经接近十一级,海面看上去就像一锅烧开了的水,上下翻腾,到处是白色浪花和泛起的水沫,凸起的浪尖被大风像快刀一样地削平,吹开后是一大片水雾。"雪龙"船一会儿被推上浪尖,一会儿被推向波谷,一个大浪过来,船头被重重的地拍到海里,溅起一大团白沫,水沫被风刮着飞快地从五层楼高的驾驶室上面掠过,海浪直扑向驾驶室,重重地打在玻璃窗上,只有安装了旋转雨刷的玻璃可以让我们看到外面,其他窗户已全都被海水挡住。

　　我随"大洋一号"船出海时也曾遇到过一次大风浪,那是一次躲避台风的航行,船从台风的边上绕了过去,尽管风浪没有在"雪龙"船上遇到的那一次大,也没有"向阳红09"船穿过寒潮到绿华山锚地避风时那次惊险,可也算得上比较惊险了。当时从后甲板船艉跃上来的海水几乎漫过了膝盖,船员刘绍福看到舵机舱逃生孔的水密盖没有关好,找了一个浪小的空隙冲过去关上舱盖。这看似简单,但需要冒着可能被卷到海里的风险,尽管他清楚地知道这些,但作为一名尽职尽责的船员,他还是做到了。因为,他们更知道舵机(控制船舵的机器)对航行是多么重要,他们更清楚"船在人在"的道理。

当我赶到后大舱时,实验部门的苗占华正在用绳子捆扎舱门把手。在从后甲板涌上来的海浪的反复冲击下,关闭舱门的把手被震松了。回到走廊后,我听到水手长冷日辉的喊声,他正在右舷 A 架下捆扎随水乱飘的方木。冷日辉是胶东人,又名"大力水手",我们曾经是邻居。他长得高大强壮,也是个热心肠的人。他是我国载人潜水器布放、回收工作艇上的主力,他用强有力的双臂在一起一伏的海面上将工作艇与潜水器连在一起,以便让其他人登上载人潜水器,摘挂起吊的主缆。平时两个人抬着都费劲的方木,现在被海水推得来回窜动,他怕方木伤着CTD设备(其实这不是由他负责的),想拴住方木,可是一个人无法完成。我赶紧跑了过去帮忙,借着上浪方木漂起来时,我和老冷一起套上绳扣,等到下一个浪时再套上另一端,再到下一个浪来时把方木拉到边上捆好。两个人站在没过膝盖一起一伏的海水里,用了十多分钟才捆扎完。风浪过后,后甲板重达一吨的声学拖曳体压载器被海浪推出了两米多远,五六十公斤重的潜标水泥重块在大浪里就像漂浮着的木头一样,随着从船艉喷涌上来的海浪到处漂动,最后一个个都跑到了角落

高高凸起的海浪

里。假如正好赶上一个大浪上来了，人也会像是一块木头，即便没有被卷到海里，撞到舷墙上也会被撞晕了，撞断肋骨也是很容易的事。

当"雪龙"船顶着风浪航行了十几个小时后，海上的风浪渐渐小了。尽管刚刚修理好的"雪龙"船没有出现什么意外情况，带队的领导还是把负责气象预报的人好一顿数落。因为这次气象预报的马虎，算是拿着全船人的性命开了一个不大不小的玩笑。我想假如还有下一次，气象预报员在拿不太准时一定会保守一点，在做关系重大的天气预报时也会认真一些。

我们只想要青菜

返航途中，"雪龙"船路过法属境外领地帕皮提（又称大溪地），这是一个盛产黑珍珠的旅游胜地。就是在这样一个位于太平洋赤道附近的遥远海岛上，我们还是能够见到华人。据他们说，他们的祖先是作为华工来到这里的。以前这个海岛很平常，没有什么旅游设施，也不被外界看重，这里的人生活得悠闲自在。当年法国人在这片群岛上搞核试验时开始投资建设帕皮提，并以此作为基地建设机场、码头等，很多法国人也开始居住和生活在这里。后来禁止在海岛上进行核试验以后，这些设施逐渐变成了旅游资源。是当年的核武器竞争为帕皮提的旅游业打造了基础条件。

这个海岛是火山岛，海滩是黑色的火山岩形成的细沙粒，生长在珍珠贝中的珍珠也是黑灰色的，可是大洋蔚蓝的海水却十分的清澈，在码头上我伸手就可以触到珊瑚。也有很多船员到山上去找巴西木（一种观赏植物的名字），有一次他们上山后下起了大雨，大伙见势不好赶紧往回撤，就在他们刚越过小溪时，山洪就从上面冲了下来，小溪顿时就变成了湍急的河流。当地的警察很负责任，因为旅游的人并不熟悉这里的情况，时常会有类似的事情发生，所以凡是有人上山后下了大雨，不管有没有打来救援电话，警察都会主动赶过来看看游客是否需要帮助，预防出现不测。

我站在风景秀丽的黑色海滩边，看着清澈见底的海水和美丽的风光，心里别有一番滋味。一想到也许我再也没有机会到达真正意义上的南极，没有机会去中山站了，总是感到有些遗憾。尽管是那么无奈，然而南极附近的秀丽冰山，西风带的汹涌波涛，夕阳下长城站的壮丽美景，让每一个到过、见过的人，无不感到大自然的美丽和壮观，都会由衷地敬畏大自然，深深地感受到大自然之伟大。南极第 12 次夏季科考队返回国内时是次年（1996 年）4 月初，当"雪龙"船稳稳地停靠在上海公平路码头时，我的 180 多天的南极之行正式结束了。

公平路码头位于上海浦东一侧，当时的浦东正在建设之中，还算不上繁华。在码头外面有不少小饭店，靠港后我们几个来自青岛和天津的大洋科考队员一起聚餐，算是吃一顿散伙饭。就座后大家开始点菜，直到我们把饭店里的全部时令蔬菜点完了，还是没有一个人点荤菜，虽然老板一再热情地向我们推荐三黄鸡、泥螺、醉蟹等荤菜。老板很纳闷："你们看上去不像出家人，可怎么一个荤菜都不要？"大伙说："我们的确不是和尚，可是现在就只想吃青菜。"碍于老板的盛情难却，我们有些不好意思，最后点了一只牛蛙，算是桌子上唯一的荤菜。

1995 年，火车是出差最主要的交通工具，那时的长途汽车还不是很多，乘飞机就更少了。那年我从上海回青岛却是乘的飞机。这并不是因为我刚从南极回来，而是因为"中韩黄海水动力循环"调查航次马上就要起航，我要赶回去参加。周四我回到了青岛，周五在家休息了一天，处理完家里的事，周六我便上船调试仪器做出海前的准备工作，周日上午船就起航了。这一次我又在北黄海海域执行了为期 80 多天的海上调查任务。

　　就是这样的阴差阳错,在两年多的时间里我连续三次出海,累计长达 500 多天,这也是至今为止我连续出海最多的三年,即便是后来我到了经常出海的工程院也比不上,这三年,尽管次数多,可在海上的时间并不长。

创业的艰难

创业需要能力和勇气,更需要精神支持。我们一头雾水地去搞海洋环境监测,几经努力才得以促进近海海洋调查方法和技术的发展。

海上的七天七夜

自 1996 年上半年我结束了南极之行后,在最初的几年里,我国海洋调查还一直在低谷中徘徊,单位里的事务依旧不多。北海分局开发办的刘刻福主任原来是海洋调查队副队长,我们很熟,他时常帮我找些那边的零碎事情来做,次数多了他干脆把我调了过去。当时(1999 年)开发办刚刚开始组建"青岛环海海洋工程勘察研究院"(以下简称"环海院"),急需人手。刚刚起步的环海院还处于积累"第一桶金"的阶段,设备少，人员少，出海时一人要当几个人用，虽然有些劳累，但总比闲着无事做要好得多。

那是一个创造纪录的时期，估计以后的北海分局再也不会有这样的出海测流了。就在我调过去不久，有一个定点测流的活儿，按甲方要求三个测流点要连续观测七个昼夜。那是一个冬天，我们一行五个人一大早就从青岛出发，司机连续开了十几个小时的车，直到后半夜两点多我们才赶到辽宁绥中县的芷锚湾。在这个偏僻的地方有一个隶属于北海分局的海洋台站。来这里之前我曾听说海洋台站条件艰苦，到了这里以后才深有感触。芷锚湾海洋站是在一座大概建造于五六十年代的老楼里，因年久失修外墙已经破烂不堪，用水管焊起来的生了锈的大门更是十分陈旧。虽然院子不算小，但是是沙土地，办公楼里冷冷清清，见不到多少人，房间里的写字台可当古董收藏，整个台站就像一间长期没有使用的老旧厂房，没有一点生机。就是这样一个只有几个人的小小海滨台站，多年以来像一个哨兵始终坚守在近乎被人遗忘的天涯海角，日复一日，年复一年地重复进行着海滨观测。我国的海滨观测资料就是他们在这样的艰苦条件下一点一点积累起来的。

曾有人问过我这样的问题："现在潮汐涨落可以计算，海流、波浪、水温可以数值模拟，这些岸边的观测资料有什么用？"这让我一下子难以回答。虽然就每一个观测数据而言并没有多大的作用，但是通过长时间的积累，我们就可以发现海洋里的某种现象，才能构建数学模型，才能计算出一个或几个可能的推算结果。海洋是巨大的又是极其复杂的，受制于各个天体，试想如果不积累长期观测资料，构建数模的科学依据在哪里？模拟出来的结果又该如何去验证？就像是一个民族的文化，没有累积就没有沉淀，没有沉淀也就不会产生文化。

我们赶到芷锚湾后，住在距离码头不远的老乡家里，大家称这家的女主人为"五姐"。她家临街开着一个很小的酒店，可供渔民们食宿。

实际上这里算不上是酒店，只是有几间可住人的房子，土炕烧得很热，五姐一家人也住在这里。第二天，我们就开始出海前的准备。司机负责后勤，为我们准备粮食蔬菜。北海分局海洋调查队业务组的袁增胜是我们聘请来的技术顾问，因为年龄大了，我们不让他随船，只在陆地上指挥。剩下我们三个人每人负责一条船，各自准备观测设备、仪器支架、绳索等出海用品，我们要为完成七个昼夜的海流连续观测做好准备。

我的船位于三条出海船的中间，距离岸边最远的船是领队彭永锋，当时他是环海院的负责人之一，另一条船距离海岸较近一些。在连续观测的七天里，我们遇到过一次大风，每条渔船都走了锚，我的船一小时就被刮出去三四千米，不用说就可以想到当时渔船在这样的风浪里会摇晃成什么样子了。大风一过，各船马上返回原地继续观测。在这七个昼夜里，每个夜晚都是由我来值观测班，陪着我的只有一台收音机，我听完了一个台，接着再找下一个台，其实只要喇叭里有声音就行，免得我打盹犯困。我从早饭后开始睡觉，渔船的大车（轮机长）、船老大（船长）和小伙计就帮着我记录观测数据。在刚开始观测的前两天里，我为了教会他们几乎没有睡上一个囫囵觉，经常被他们叫醒，问这问那。

我们到海上不久，淡水水箱因为生锈有了一个小孔，淡水漏掉了一大半，只剩下三分之一。有一次船老大让小船伙计去打一壶水，好烧开了泡茶喝，可过了好长时间也不见他回来。老大生气地去找他，到了船艉淡水箱边上却被吓了一跳，赶紧把两手撑在水箱边上、两腿朝天的小伙计拉出来。原来因为水箱里的水少，小伙计够不着水箱底下的水，只好探着身子去够水，船一晃小伙计就头朝下栽进了水箱。尽管他大声呼喊，但是头在水箱里，声音传不出来，谁也没有听见。从那以后，船老大再也没有让小伙计去打水。

由于缺少淡水,我们除了煮饭和喝水外都是用的海水。其实,渔民们在煮小杂鱼时原本就是用海水洗,用海水煮,这样做出来的杂鱼才叫美味。离开了海上,无论哪个大小饭店也做不出来那样的口味。

渔船上的对讲机为通用频道,相互都能听到。我时常听到对讲机里有渔民在拉家常,有时聊得热火朝天,船老大也会时不时地插上几句,他们说的都是一些家常琐事。后来据船老大讲,对讲机里说的不全是那些家长里短,那不是通话的主要内容,他们经常是在说海上捕鱼的事,比如:哪个海区有鱼,哪里鱼多,是什么样的鱼,用的是什么网,今天打了多少鱼,卖给了哪条收鱼的船,卖了什么价钱,明天想到哪里去抓鱼,这些才是通话的主要内容。有点类似威虎山土匪们的黑话,不是自己人基本上听不出来他们是在说些什么。

艰苦的七天终于熬过去了,我们顺利完成了观测任务。当船靠上码头时已经是下午,收拾完设备已经接近黄昏。随着我们一起回来的渔船捕到了一条大鱼,即使两个人扛着,尾巴还拖在地上,足有30多斤重。房东五姐见了我就说:"你看上去比来的时候黑多了。"我说:"可不是,我有四五天没有洗过脸,刷牙都是用海水,人不黑才怪。"大家整理完毕后,不约而同地想先去洗个澡然后再吃饭。

第一次到那么远的南方

在环海院的几年里,我几乎跑遍了山东、河北、辽宁的大小港口,熟悉了海域使用、海洋环境评价、物探和海上管线路由工程勘探等各类近海海洋调查工作。那时白天要出海,晚上回来要处理数据,整理资料,编写报告。在创业时人有干劲,干活不觉得劳累。现在想想那些几乎千篇一律的《环境评价和海域使用报告》,我感到在初期随着市场和价值取向的变化,我们真是稀里糊涂地去搞海洋环境监测和环境评价,没有静心思考我们到底需要的是什么,应该如何开展近海海洋环境监测和保护,该如何从长远角度看待环境问题,该从哪里开始起步,从哪里开始入手。

1997年夏天,北海分局第一次独立承担汕头亚太光缆路由调查,这是一个大型的海上光缆路由勘测任务。"中国海监18"船要完成20米以深海域的勘测,环海院负责从岸边向深水延伸区域的勘测,两个区域重叠对接。亚太光缆的登陆点在汕头市濠江区达濠镇附近,当时的达濠属汕头的郊区,实际上与市区仅隔着一条榕江,我们就住在达濠镇的一个小宾馆里,那是我第一次去那么远的南方。

由于环海院的人手不够,设备也不足,借用了北海监测中心地质调查队的十几个人和一些设备。我们每天完成勘测回来,接着就要整理好一天的探测数据,勘探结果需要经过技术监理的审查,在监理签字后才算是有效工作量,这是我第一次在技术监理的监督下作业。甲方只为有效工作支付费用,假如监理认为探测设备、探测手段或者数据和方法不符合技术要求就不会签字,这样不仅一天的活儿白干了,还要重新进行补测,直到符合技术要求为止。

当时国内宾馆的卫生条件已经不是问题了,可是在达濠的宾馆里我们白天就能看到到处乱跑的老鼠。宾馆里只有风扇,没有空调,虽然蚊子不多但有不少小咬(蠓),我们只好使劲地喷洒杀虫剂。为了降低开支,我们自己开火做饭,汕头的蚊子和小咬都很欺生,在厨房里炒菜时人要不停地跳动,只要一停下来,马上就会被叮咬。

为了争取进度,天气好时我们早上五点就要起床,吃完早饭马上出海。只要海上作业条件允许,我们一般都要忙到天黑才会回来,一天在海上工作十多个小时。遇到天气不好出不了海,大家就轮流做饭,只是口味偏好不同。贾传明(调查队水文室主任)做菜必有鸡,饭多是面条;

轮到"卢巨"（卢宏锺，来自北海检测中心地质队，"卢巨"是我们对他的爱称）做菜必有鸭子；沙德全爱做肉类；轮到我时多做海鲜，可是买菜对我是一大困难。菜场里的人大多听不懂普通话，潮汕话我也听不懂，计算器就成了双方唯一都能看懂的沟通工具。我第一次去买鸡蛋，摊主在计算器上按了一个"4"，我心想她可能搞错了，哪有这个价钱的鸡蛋？结果比画了半天，我才知道不是一斤，而是四毛钱一个鸡蛋。用"老板鱼"①炖豆腐是青岛家常菜，可在达濠一块钱只能买到几块豆腐乳大小的豆腐，比鱼还贵。

汕头的天气很热，出海不久我们就汗流浃背。第一次出海时我们问船老大要水喝，他热情地指着船头说："都已经为你们放好了。"可过去一看简直哭笑不得。在汕头无论大人小孩、男女老少几乎都爱喝工夫茶，船老大准备的是一套工夫茶具，茶壶只有拳头大小，茶杯是三钱一个的"牛眼盅"，哪里够一个口渴的人喝水？更不用说我们几个人都很渴很想喝水了。船上的小伙计是四川人，后来每次出海他都会烧一大壶开水，冲上一大壶茶，好让我们解渴。工夫茶很香，我们也学着喝。领队彭永锋还去买了一套茶具，每到天气不好时，我们就喝茶聊天。工夫茶很浓，味重，涮肠子，刚开始喝时不太适应，也不知深浅。贾传明就被工夫茶弄醉过一次。

那天我们一边闲聊着，一边一口一"牛眼盅"地喝着工夫茶，也可能是冲得太浓了，喝着喝着贾传明的脸色发白开始出虚汗，我们这才知道喝茶也能醉人。好在不多时船老大来了，他看了说："不会有什么事，吃点东西或者吃点糖很快就会缓过来。"

---

① 学名"孔鳐"，老板鱼是胶东地区的称呼，多用这种鱼加上豆腐炖一种家常菜。

奇怪的达濠镇

我们住的宾馆下面有很多各式各样的商店,但都很小。那时在北方,DVD 播放机才刚刚进入家庭,汕头就已经有很多卖 DVD 播放机的商店了,价格也比北方便宜很多,但几乎都是山寨的,有的甚至是 CD 机改装的,价格从百十元到千元不等,让人真假难辨。这些 DVD 播放机虽样式各异,可有一个共性,即读光盘不挑剔,超强纠错,后来我们用一句话形容它的纠错能力:除了正版盘,其他的光盘通"吃"。

宾馆对面有一个小饭店,有时我们也去买早餐,可肉包子的馅是甜的,北方人不喜欢吃,所以我们不常去。有一天因为下雨不出海了,为了改善生活,我一清早就去买油条。在汕头炸油条的小摊用的是家用的锅,每次只能炸几根,为了保证每人两根油条,我整整等了一个多小时。都说南方人勤快,的确是。在我们待的四十多天里,无论晚上多晚,早上多早,无论刮风还是下雨,即便是小店里没有一个顾客,他们还是开着门营业。我们晚上睡觉时他们在营业,早上起来时小店已经开始卖早餐了,从没有见过他们关门歇业,简直是 24 小时营业。

宾馆边日用杂品店的老板有五个孩子,老板娘抱着一个,领着四个孩子照料着小店。在菜市场常见到女人挑着一大筐蔬菜,大步流星、步履轻盈地前行,男人则穿着拖鞋拖拖拉拉地紧跟在后面。汕头的女人太能干体力活了,看上去个个都很强壮,男人反倒是比较瘦小。在市场上也见过男人吵架,两人争吵得非常厉害,鼻子都要碰到一起了,但就是没有动手。

在达濠还有很多让我们感到奇怪的事情。那里到处可见进口摩托车,大小不一,样式繁多,修理摩托车的店也有不少,可就是从没有见过卖摩托车的店。四十多天里，我们也从没有见到镇上有公安、税务、工商、城管等穿制服的人，虽然也看到了挂着这些牌子的地方，可门总是关着的。

那里居民小区的楼房从第一层开始一直到最高的一层，外面的窗户全部安装了防盗网，看上去像是一座看守所。我曾问过住在四楼的船老大，为什么到了六、七层楼也要按上防盗窗？万一失火，你们能出得去吗？船老大的回答很简单，"小偷多，失火少。"

亚太光缆路由勘测

亚太光缆登陆点设在距离海岸线三四公里远的地方，登陆地段很偏僻，在沙质海岸防护林的后面，这些海岸防护林是建国初期种上的，现在基本上保持了原有的自然状态。在山东、河北和辽宁的海岸，也都曾种过类似的海岸防护林带，可惜现在几乎所剩无几，像这样仍然保持自然状态的实在是更少。然而现在这片林子也将面临同样的命运，它需要为我们社会的进步做出牺牲。

每天我们出海作业的人员分为三组，我随着第一组乘船从榕江出发去海上作业区。贾传明和老彭是第二组，扛着 GPS 设备去虎头山，建立差分站，并保持与船上 GPS 的通讯和无线电联络。此外，他们还要验潮①，所以，他们要一直等到海上观测作业停止、我们返航时才能停止观测，离开虎头山，否则即便是下大雨，只要海上的船不停止作业，他们就得一直待在山上。无论晴天还是雨天他们都要先搭起棚子，不

---

① 即观测潮汐的高低变化，这些数据用来修正海上水深测量值，以消除潮汐变化对水深测量值的影响。

然没有地方躲。有一次他们抬着设备下山时正巧下起了雨,因为山路滑,拐弯时两个人差一点和设备一起掉下山去,回来时两个人都脏得像泥猴。最后一组仅有老孙一个人,他负责买菜做饭,绘制前一天的测绘图件。每天早上他要比大家早起一两个小时,保证大家起床后能够马上吃上早饭好尽快出发;中午要给虎头山上的人送饭;晚上要准备好晚饭,让出海的人一回来就能吃上热饭。

限于船的吃水深度,尽管在涨潮时我们尽量靠近岸边进行观测,但还是有一段海与陆地交接的潮间带无法测量到,只有靠全站仪①在退潮时进行人工测量。这就需要人扛着反光镜进到齐腰深的海水里,以连接上船探测过的位置,然后再一路向岸边测量过去,穿过这片老林子一直延伸到登陆点。

汕头的夏天烈日当头,即便我们一早一晚进行测量②,但是在一点遮挡都没有的沙滩上,几天下来后我们每一个人身上都被晒到爆皮,不仅是背部,蹲着干活时大腿也是如此。晚上睡觉时只能侧着身子睡觉,躺着睡觉背会疼,趴着睡觉腿会疼,睡着后每一次翻身(有时是被小虫子咬的)都会被疼醒一次。由于人很累接着又会睡着,但一个晚上要疼醒好多次。不久我们终于从潮间带没有遮挡的地方测量到了林子的边上,干活儿时有了树荫的遮挡就好了很多。防护树林很密,高低不平,没有路,隔着几棵树就看不到反光镜了,我们进度很慢。随着逐渐深入林子,我们越发感到恐惧,我第一次看到蜘蛛网拉在两棵大树之间,有核桃大小、五颜六色的蜘蛛。通常彩色的蜘蛛是有毒的,我们也想避开,问题是它在暗处我们注意不到,假如一不小心碰到就惨了。就这样我们在林子里钻了几天,虽然不晒了,还是紧张地全身是汗,总算是完

---

①　这是一种陆地地形测量常用设备,用激光来测距离和角度。

②　这是规范要求的测量时段,以避开太阳强光对测量设备精度的影响。

成了林子里的地形测量。

我们的工程监理是香港人，会讲中文，所以同我们交流起来比较方便。"中国海监18"船上的监理是法国人，沟通有障碍。监理对待工作都很认真，我们每天的探测资料他都要亲自审查过目，检查通过后签字确认。监理的权力很大，在"中国海监18"船上他让船长按照怎样的路线行驶船长就必须去做；监理说这条测线要重新测量，船长也只得乖乖地重新跑一遍，没有讨价还价的余地，这与国内的调查作业航次完全不同。开始时船长还有些不适应，次数多了也只好这样。当然监理的责任也很大，只要他签了字，再发现有问题就要按照补测来处理，甲方要负担补测的全部费用，你甚至还可以谈价钱，即使你说不干了也不属于犯规。

亚太光缆路由勘测后收工（作者）

在国内的勘测中，海上作业经常因为准备不足只好让设备凑合着作临时用。可是现在只要监理不同意，就不能那样做，即使做了也是白做，监理可以为此拒绝签字。在我们看来监理太死板，可他们认为我们办事不讲规矩，缺乏组织效率，也不够专业，觉得我们的资料缺乏可信度，必须加强监理。当监理随船出海几次之后，看到我们还是比较专业，干活也很守规矩。尽管我们不如"中国海监18"船的制服统一，可还是能够看得出我们是一支训练有素的专业海上调查作业队伍，他也就不再坚持原来的做法。双方逐渐地建立起了信任，后来他甚至不再随着我们一起出海了。

路由勘测主要是物探作业，我的主要任务是进行数据处理，在随船进行水深和物探测量时做些辅助工作。当时使用的物探设备很落后，多是用热敏纸作记录的非数字化设备，这些仪器甚至与二战时的技术差别不大。那时已开始使用GPS，不像早些年使用微波定位，勘测船只能在直视范围内，一旦离开了就难以准确定位。这表明当时我们在海洋物探勘测技术方面已经开始有了一些进步。

庄河电厂勘测工程也是当时环海院的大工程之一，几乎与亚太光缆路由勘测同期展开。庄河位于辽宁省的大连与丹东之间，除了一些海上勘测和观测外，每年的海浪观测是项目中耗时最长的活儿，使用的是SP2100压力测波仪①，这是美国伍兹霍尔海洋研究所生产的一种新型海浪观测设备，当时使用这类设备的还比较少。我是在上海机场见到这个设备的，两个小时后，我就连同设备一起登上了去大连的飞机。我只在上海参加过一个简单培训，几乎没有来得及听明白就直奔庄河观测现场。当我到达庄河时，先期过去的人已经把海上的其他活儿干得差不多了，按照作业计划，三天后就要把测波仪布放到观测点，开始为期一年的波浪观测。

三天时间里，我一边参加海上作业，一边阅读设备说明书，学着设置观测参数，研究如何使用这个新设备。好在我了解一些MATLAB

---

① 一种高精度测量海水压力变化，并结合自身的海流观测，反演海面波浪特征的设备。

语言,否则要现学一门编程语言,然后再去进行设备配置、读取观测数据、进行数据处理是绝对来不及的。在我设置好参数并安全布放到观测点以后,我又回到了汕头,继续参加那里的勘测作业。

庄河海浪观测

从汕头回到青岛后不久,我就赶到庄河海浪观测现场取出了放在海里两个多月的海浪观测设备。由于在布放时铝制外壳的氧化保护层被划伤,现在外壳已被海水严重侵蚀。当我取出机芯时,从压力桶里面倒出了一小碗海水,这让我大吃一惊。海洋观测设备都会有较高的水密要求,设备一旦进水就是个大麻烦,不仅会损坏设备,重要的是观测数据很可能也要随之丢失。刘刻福院长对此也很担心。整整一天的时间,我在会议室里用无水酒精一点点仔细地清理机芯的每一个部分。第二天上班后,我又仔细检查了一遍,这才提心吊胆地给机芯通电。真的很幸运,通电后检测显示除了最下面的罗盘传感器损坏,其他传感器运行正常,记录了两个多月的数据也被完整地读了出来。刘院长感叹地说道:"当初真还不如让你飞一趟大连,但没有办法两头都紧,现在看来可省掉好几万元的修理费。"

在随后近一年的时间里,我每隔一两个月就去一趟庄河观测现场,多则两三人同行,少则只有我一个人。我都是下午乘汽车到烟台,晚上乘船到大连,第二天清早再乘车去庄河。观测点在距离庄河几十公里,紧靠海边的一个渔村,当地人称这里为"黑岛"。房东家的院子里养着鸡、鸭、猪、狗,还养着几只看门的大鹅。房东一年的收入主要是赶海捞蟛虾,做成虾酱到秋天可卖上数千元。蟛虾很小,生长在靠近河口两水交汇的地方,得用纱布网捞。涨潮时人站在齐腰深的海水里,慢慢向前推网,蜢虾都浮在海面附近,推过去后蜢虾留在了纱布上。无论是白天还是夜里,只要涨潮,房东爷俩儿都会按时去赶海,一个夏天可以捞上几千斤。

房东家的另外一个收入是看海滩,在他们监管(被雇佣)的海滩上,两天就可以收获上千斤的海蛎,通常他们会赶上马车拉到北边的山区去换成大米。他们还有一个收入来源,就是下海捞螃蟹、鱼、蛤蜊等海货,这些海货被送到庄河市或一百多公里外大连的大酒店里。但干这个活儿要会潜水,要有船和潜水设备,还要有运输的车子。现在因为过度捕捞,稍大一些的鱼已经基本上没有了,渔民已经不再用网打鱼,只能潜水去抓礁石里的鱼和螃蟹,听起来总让人感到有点凄凉。

在村子里,白天每到退潮,鸭子都会走出各自的家门,沿着村里的小道摇摇摆摆地走向海边,快到海边时就排成了一条长队。我不清楚这些鸭子是如何知道开始退潮了。海滩上没有来得及随着潮水退回到大海的小鱼,都会成为鸭子的食物,所以那里的鸭蛋与青岛卖的味道也不一样。涨潮时鸭子群又排着队向回走,各回各家,不会走错家门。

十一月,在冬天临近前所有的渔船都被拉上了岸,在来年开春前整修好再下海抓鱼。现在只剩下我们要用的一条船还飘在海里,等我们干完了活儿收回设备以后,船也要被拉上岸来,当冬天海面结冰以后就不能进行海浪观测了。在东北的农村,人们到了冬天几乎什么都不干,坐在热炕头上喝酒、打麻将。不管男女,个个都是麻将高手,女人甚至比男人玩麻将的还要多。男人有时会喝酒聊天,女人不大喝酒,多数在忙着玩麻将。她们玩得很熟练,我还没有看明白谁输谁赢,她们就已经重新开始洗牌了。房东从不玩麻将,聊天时他说:"我知道山东农村比这里富裕,冬天也忙着干活儿,不像东北有半年闲着,天天打麻将,喝酒耍钱。现在这里也开始有些改变了,老张(村里会潜水的)就不像他们那样,腊月里还要下海抓螃蟹、抓鱼,这时的新鲜海货可以卖个好价钱,他家的房子是我们村里最好的。"

当北风一过,我们就出海打捞起了布设在礁石边上的观测设备。这次潜水还是雇的老张,初冬的水温大约只有几度,老张下潜了两三次,割断了拴着压载水泥块的绳子,把绳子捆牢在支架上,好让我们把支架拉上来。老张每次下潜上来时脸都被冻得通红,拉上来支架后,我的手也冻得生疼,匆忙中手上被划了一道口子,直到洗手时我才发觉。总算是比较顺利,我们用了一个上午就完成了设备打捞。下午我开始清理设备。上次房东出的主意很好,为了防止生物附着在设备上,我在设备外面包上了一层保鲜膜,现在摘掉保鲜膜后,除了在边角处有些生物附着外,整个设备完好如初。真正的学问蕴藏在民间,蕴藏在广大的人民群众之中。

我下一步的工作是处理全年的观测数据,按照《海洋调查规范》进行统计并得出最后的结果。观测数据要按照波浪理论反演出海面波的统计特征值,然而由于经过反演后得出海浪特征值与当时我们通过观测海面波浪起伏高度得出统计结果的原理不同,这些反演的结果与观测数据放在一起做统计,就出现不少问题。

我国的海洋调查规范在很长一段时间里没有得到修订,我们在开展海洋环境评价,海洋倾倒区监测,甚至是路由调查的初期,随着调查仪器设备的现代化和海洋调查方法的改变,都会遇到因现行《海洋调查规范》的落后而带来的种种困难,甚至是问题和矛盾,这种情况一直持续了好多年才有所改变。

既超前又落后的《海洋调查规范》

我早期使用的一本《海洋调查规范》(以下简称《规范》)是 1975 年

出版的。这是我第一次接触《规范》,这些《规范》已经被曾经的正规军和老一辈海洋工作者们用得烂熟了。在《规范》的首页上是四段毛主席语录,最后一段是"中国人民有志气,有能力,一定要在不远的将来,赶上和超过世界先进水平",当年我们就是这样有气势。

《海洋调查规范》(1975 年版)

　　1961 年颁发的《海洋调查暂行规范》的修订本很厚,足有 400 多页,仅是目录就有 10 页之多,包括:海洋水文要素观测、海洋气象要素观测、海洋地质调查、海洋生物调查四个分册。与其同期的还有《海滨观测规范》等。《规范》涉及的内容很多,仅是水文要素观测中就包含:

通则、水深、水温、海流、海浪、透明度、水色、海发光、海冰、海洋水文要素计算和报表编制等,从观测要素到观测数据处理、报表的编制,构成了一个完整的技术体系。在附则中还包括了:海洋水文要素图绘制、海洋跃层、海浪连续观测记录分析、海流分析和预报,甚至还涉及潮汐和海流的电子计算机分析和预报方法。《规范》不仅讲述了海洋调查的方法,还介绍了观测设备的使用和记录,观测误差修正等一系列技术问题,这本《规范》可以称得上是一本海洋调查作业的教科书。

在这本《规范》出版接近十年后,我们才开始使用计算机。我第一次见到房子大小的电子计算机是在 1981 年;我到北海分局工作以后,1986 年,调查队才有了第一台美国生产的"鹰"牌台式计算机;一直到1990 年左右我们还在使用《规范》上的潮汐和海流分析和预报方法。可见那时的《规范》是多么的超前。

但是,随着老的调查设备的淘汰和新型调查设备的逐渐采用,《规范》中存在的各种缺陷也渐渐地显露出来。很多新的观测设备在《规范》中是找不到的,甚至无法作类比(比如前面提到的海浪观测设备)。这些观测设备的分辨率、精度和准确度、传感器的响应时间、数据的记录密度及容量都要高于现行《规范》中的调查设备。同时,观测数据的记录形式,记录介质和观测数据的记录密度,甚至是观测原理也发生了非常大的变化。假如再按《规范》要求的数据处理方式和观测资料的整理方法去做,就会出现很多问题。现行《规范》不能与国际新型海洋观测设备的发展趋势接轨的问题,制约着我国海洋调查工作的开展。而且随着新型进口(或国产)设备的不断增加,《规范》中的问题也越来越多,越来越突出,已不能适应海洋调查发展的现状。

海洋调查以及所有需要积累大量观测资料的学科(比如天文观测),十分重要的一点是必须保持观测资料的可溯源性。海洋调查是在《规范》的统一下进行现场观测和数据整理,现在《规范》的滞后性已经十分明显,已经成为我们尝试使用新的调查设备和新的观测技术手段中遇到的一个难以回避的问题,若再继续下去,《规范》就不能很好地指导海洋调查了。尽管如此,这种情况仍然持续了好多年。《规范》严重滞后的局面,从一个侧面也反映出了我国海洋调查工作的低迷状态,同时也反映出我们对基础性工作的淡漠。直到西北太平洋海洋环境调查时(约在2000年),这个问题才逐渐开始有所好转。

当时海洋环境评价、海域使用论证和海洋倾倒区选划等这类工作才刚刚起步,很多老旧的观测方法和技术手段满足不了用户的新需求和上级主管部门的新要求。那时的很多项目还带有一些探索性,比如环海院承担的"黄河口钻井平台泥浆排海影响范围评估"就是其中之一。当时我们没有现成的技术手段用来勾画出泥浆入海后的三维分布状况,描述排海后泥浆的扩散、影响范围,确定其持续的时间尺度,按当时已知的泥浆排海后的外观感知,从排出到在视觉上消失只有几十分钟。如采用常规观测方法,使用常规技术手段,不仅需要很多条船,要高频度采水,其工作量也是难以承受的,观测结果更是难以预料,实际上是一个难以实施的观测作业。

采取什么样的技术路线,使用哪些观测技术手段和设备是本研究项目的核心问题,也是承担这个项目后首先要解决的难题。如何用尽量少的船来降低项目运作成本,并达到观测目的是需要解决的重点。我之所以承担这个项目,是因为之前我曾在做"天津海洋倾倒区倾倒物沉降时间评估"时,使用声学泥沙剖面仪进行过类似的走航观测(当时只是试验性的)。这又是一次我独立完成的、从未开展过的近海观测任务,从整个观测方法设计、现场观测作业指挥、实施,到后期各种数据的处理,以及研究报告的编制等均由我一人承担。在那段时间里,我全部精力都用在了这个项目上。白天我要出海观测,晚上要编写和调试程序,研究观测数据。我必须面对挑战,克服技术困难,以一种全新的方法清晰地描述出钻井泥浆排海后的三维分布、扩展范围以及消失过程。通过这个项目我体会到,很多东西就是在实际需要和应用中才能得到有效的发展。

出近海的日子

环海院的海上作业全部都是近海,出海少则半天多则一两天。近海观测把握好天气变化十分重要,尽管出海的时间短,可是常会遇到刮风等不良天气。渔船是我们常用的调查船,条件很差,吃不上饭喝不着热水是常有的事,出近海其实比出远海的条件要差很多。

有一次我和同事冷启暖在京唐港测流,那时通讯要靠固定电话,冬季天气好的时候不多,等待的时间长了,总要打个电话回家报个平安。京唐港主要是运煤,煤堆场很大,就像一座座小山。每当刮起北风时,整个港区到处都飘着煤粉,到处都是黑色的粉尘。那天晚上天很冷,刮着北风还下着小雪,小冷要到港门口外的小商店里去打电话(白天家里没有人接听),等了好长时间我们还没有见他回来,就想出去找他,但外面太暗,手电就像萤火虫一样,我们只好继续等待,过了好长时间小冷才满身是雪地回到船上。我们开玩笑:"又不是去谈恋爱、相媳妇,都是老夫老妻了报个平安也要这么长的时间?"他却说:"根本就没有打成电话,"接着他又说,"别提了,我出去后还是照着老办法,低着头迎着风雪向有灯光的方向走(那里是港口的大门,小店就在大门外面),可是等我走到跟前才发现那不是灯光,而是正在自燃的煤堆。这时我才注意到漆黑的四周都是煤堆,再去找灯光根本就找不到,我只好凭着感觉继续找。转了一会儿见到了灯光,朝着光走去后发现还是一个正在自燃的煤堆。只能凭着感觉再向码头边走,可是走了好大会儿还是在煤堆里来回转圈,找不到出去的路。转来转去我总算出来了,走的是哪条路连我自己也不清楚,不仅没有打成电话,白跑了一趟,还把我冻得够呛。"

黄河带来大量泥沙,在山东省东营市海边形成了大片的盐碱地。从潍坊开始沿着老公路驱车北上,路两旁开始是参天大树,到了寿光树少了一些,但还成行成片。再向北行,多为槐树,不再挺拔,枝杈很多,个头也矮,歪七扭八地排在路的两边。继续向北,路的两边多为棉槐,这是一种用来编筐用的藤类植物。快到寿光县羊角沟时,路边就什么也没有了,一马平川,路的两边都是草。继续前进,渐渐只见一堆一堆的草,已连不成片,在草堆间的空隙里可以看到泛出盐碱的土地,感觉像是下了一层霜。这里也很富有,像中东地区一样,虽然地面上不长什么东西,可地底下却有宝贝。

按照潮汐学,黄河口位于渤海无潮点附近,也就是说这里的潮差很小。青岛的潮差有四米之多,但黄河口附近区域只有不到一米的潮差。正因为黄河口有着平坦的冲积平原和很小的潮差,在那里看涨落潮会有与在青岛看完全不同的感觉。在黄河口的潮间带采集生物样品,也就是业内所说的"跑滩",要看着手表干活儿。在开始落潮时,你要跟着退潮的海水向海里走,边走便采集样品。那里的沙滩并不松软,走上去也不吃力,在铁板沙的海滩上行走,你几乎踏不出脚印,两三个小时后跟着潮水能走出去几公里远,随后不管你能否看出潮水是否上涨,都要开始向回走。这时海水已经开始在缓慢地涨潮,由于地势过于平坦,潮差又小,你并不能马上感觉出来,就是再待上半个小时,也不会感觉海水涨高多少,即使站在距离海岸几公里的地方,涨满潮时海水也没不过头顶,最多也就是齐腰深。可是你会感到十分的恐惧,孤独无援,因为你是站在大海的中央,陆地距离你很远很远,没有人路过这里,更不会有人来救你,即便是你打电话求救也说不出自己站在哪里。

山东和河北交界地区不仅土地呈碱性,那里的水也是一样碱性高。

用那里的水洗澡，总感到水滑溜溜的，肥皂打在毛巾上不太起沫，洗完澡后用指甲在皮肤上轻轻一划，会留下一条白印。那里的人祖祖辈辈喝这种水，已经习惯了，可是我们就不习惯。有一年的四月初，我们在南排河做海流观测，正逢一年里收获虾虎（学名"虾蛄"）的最好季节。平时几百元可以租用的渔船，现在2000元都租用不到，我们只能等待了几天。这个季节的虾虎是市场上的抢手货，渔民都要去捕捞。假如运气好，在两周的时间里他们可以收获数万元。那几天里，几乎每个人都闹过肚子，后来我们知道并不是吃了不卫生的食品，而是因为喝了这里的水。由于这里的水碱性大，尽管我爱喝浓茶，加了好多茶叶的茶水喝上去已经有些发苦了，可我还是能尝到咸味。大车店①的老板为了省钱，装在暖水瓶里的是蒸馒头大锅里煮开过好多遍的开水。没有办法我们只好买矿泉水，用热得快自己煮水喝，不然到时候大家都出不了海，活儿就没法干了。

现在或许已没有这样的大车店了，每到接近天黑时，大车店的后院里会开进来各式各样的车，大到拉集装箱的大货车，小到挂斗车、拖拉机。每到这时，白天几乎没有人的院子里开始变得热闹非凡，到处是人。有时他们喝酒到很晚，等他们喝酒划拳结束了我们才能睡着。第二天早上，天还不太亮，院子里的车已经发动，一阵轰鸣以后陆续上路。等到我们起来时，院子里已是空空如也了。

有一年冬天，我们在胜利油田的海域观测海流，观测站位就在黄河口外面，我们租用捕虾皮的渔船进行作业。这种船与其他渔船不同，是平底，没有船帮，杯口粗的钢管围了一圈，以便拉上来捕虾皮的渔网。这种网的网眼小，网线也细，容易被挂破。船上还有一口12印的大锅，

---

① 中国传统民间旅舍，主要设置于交通要道和城关附近，为过往行贩提供简单食宿，费用低廉。

一台 3 马力的柴油机专供这口大锅煮虾皮,捕上虾以后要马上下锅煮熟,当然是用海水,否则时间稍长一些虾头就会掉了。船回到陆地后要马上摊晾煮过的虾,晒干了就是虾皮。

我们刚出海时天气还好,到了下半夜时开始起风。在摇晃的船上本来就不好行走,走在窄窄的被海水打湿了又没有船帮的船边上,我感到随时都有可能掉到海里。风越来越大,船已不再是两边摇晃而是上下跳动,颠簸得很厉害。在半小时的观测间隙里,我开始是裹着棉大衣躺在驾驶室的长板凳上休息,后来船晃得厉害,板凳上躺不住了,我干脆裹着棉大衣躺在驾驶室的地上。后来船跳动得更厉害了,迷迷糊糊中整个人被抛起来,我被摔醒了。当时只剩下我自己,有时船长会过来看看,这样大的风浪他不放心船的安全。天亮后风浪小了一些,值了一夜的班,我感到很困乏,尽管离观测结束仅剩下几个小时的时间,可我仍有点坚持不住了。后来下到舱里我感到暖和多了,两个眼皮直打架,好像还没有挨到枕头上就睡着了,特别香甜,尽管是在低矮的船舱里也是最大的享受。

有一次,我们完成观测下船时天色已晚,每个人都很饿。收拾完设备我们赶紧跑到住处换上衣服,然后去了不远处的小餐馆吃饭。尽管餐馆不大,但比较干净。卢巨有事来晚了一些,因为肚子饿没有换衣服就直奔餐馆,上身穿着一件脏兮兮的棉衣,扣子掉了便用一条绳子扎在腰间,就这样匆匆忙忙地向小餐馆走来。店老板见站在门口远远地向他摆手示意,因为老板把他当成了民工或捡破烂的人。

还有一次在山东日照出海,我负责海流观测,是在一段没有修建好的大堤边上,距离水尺观测①的位置有十几分钟的路。水尺观测点旁

---

① 一种近岸观测潮位高低的潮汐观测方法,用一只竖立在海里有刻度的尺子,每 15 到 30 分钟读取一次水位刻度。

边有一间临时工房，白天在观测间隙我可以过去喝点水休息一下，可是晚上的路并不好走，为了安全我干脆拿了几件羊皮大衣，一个人睡在设备边上。每半个小时观测一次，我坚持了一整夜。观测间隙，闲着无事我就数天上的星星，在四周漆黑一片时，天上的星星格外明亮。结束后我们回到村上，那里的饭店很小，做菜也慢，一盘菜上来，像风卷残云，我们很快就吃光了，等下一盘菜上来也是这样。当我们快吃完时，满桌子上只有一个菜，摞在好几层盘子的最上面。

从二十世纪七八十年代起我国开始进行海洋监测，经过近十几年的发展，1997 年底，我国颁布了《海水水质标准》(GB3097－1997)，随后海洋监测工作逐步开展起来。随着海洋石油开发、码头建设、海岸工程的规模的快速扩张，近海海洋勘察和调查市场的逐步形成，很快海洋监测与海洋工程勘探就与市场连在了一起。在青岛的海洋研究所里开始出现一些小型队伍，纷纷承揽与海洋环境评价、海域使用论证、海底管线路由等与海洋调查相关的生产活动所需的工程。近海海洋环境调查也由此得以逐步推进。

海洋是算不出来的

我第一次独立编制《环境评价报告》时，首先阅读了很多老前辈们写的《环评报告》，认真研究了他们写报告的特点和叙述手法。开始时我不仅感到这种报告不好写，而且还有些神秘，因为当时我对海洋环境评价的确知之甚少。当时海洋环境监测开展的时间还不长，调查技术手段单一，还处于摸索阶段，很自然地将检测化学要素浓度、描述其分布和变化情况作为海洋环境监测的主体和环境评价报告的重点内容。在当时，检测海水化学要素几乎成了搞海洋环境污染监测的代名词，把海洋环境监测误认为是陆地水质检测向海洋的延伸。

正是因为这种原因,我们总是试图用几个化学要素指标、用人为设置的几个"海水水质标准"来描述和划分海洋,来评述海洋这个极为复杂环境的优劣,掺杂着人的好恶来评价和推断我们还知之甚少的甚至是还不了解的海洋环境变化趋势。在我国近代海洋学科发展的历史长河中,在海洋动力和海洋生物领域有不少老科学家,而海洋化学似乎是一个缺失的环节,我们却非要用自己的弱项,来应对日益严重的海洋环境问题。

在漫长的地球演变过程中,在人类还没有开始影响海洋环境之前,近海浅水海域也会有清浊之分,这一点都不稀奇。人类首先是向海洋索取食物和蛋白质,而后是泛舟海上拓展疆域,进而是开采能源索取矿物,都是为了满足不断增长的社会需求。我们的祖先不关心哪里的水清,哪里浑浊一些,这很现实也很实际,因为水清则无鱼。水清有水清的用处,但这不应该是海洋环境保护所追求的目标和主要目的。

我看完了那些报告之后有了这样一个疑问:对于海洋,除了那几个化学指标以外,我们更应该搞清楚海域海洋生物的多样性状况,尤其是海域底栖生物的分布与其健康状况。

因此在动手写《环境评价报告》前,我首先划分了报告中各部分的比例,我将原来占大约一半以上篇幅的化学要素描述,压缩到15%,同时提高了海洋地质、底质、海洋动力环境和生物的比例,尤其是加大了底栖生物的篇幅。因为这是综合反应该海域环境状况的基础。生物占较大篇幅,成了与以往报告最显著的区别。这在当时的《环境评价报告》中是一个比较大的改变,尽管我认为自己有道理,但并没有通过评审的把握。我揣着一颗忐忑不安的心去接受专家们的评审。奇怪的是,这种似乎是违反了"常规"的《环境评价报告》,并没有给评审会议带来什么麻烦,也没有引发什么争议,平稳顺当地就通过了专家评审。我的这一观点也逐渐地被单位里后来编制报告的人所接受了。

　　人类要征服海洋、利用海洋就首先需要了解海洋，要了解海洋就要接近海洋，要接近海洋就要尊重海洋，敬畏大自然，要了解占地球大多数表面积的海洋的特征，进而去了解整个地球系统，这就需要出海观测。与有着悠久历史的陆地地质科学类似，海洋科学首先是一门实践的科学。历史上的著名海洋科学家都是在海洋调查的实践中，发现和解决科学问题的。朱树弈、郝崇本、曾呈奎、文圣常、侯国本等都是我国海洋界的大师。他们不仅有学问，更是人品好，他们也无一不是从海洋调查第一线走上了科学研究。

　　海洋观测正是这些科学结论的基础，是揭示海洋基本规律的根基。随着我后来参加各类海洋调查活动的增多和对海洋调查的理解的逐渐深入，我对海大一位前辈的话有了更加深刻的体会和领悟，"海洋是测出来的，不是算出来的。"的确如此，海洋绝不能依靠想象，也不是可以简单理解和解释的，更不是靠几个华而不实的数学模型可以描述和预测出来的。我并不是反对数值模拟——我也认为它有不可替代的作用，问题是我们不能过于依赖数值模拟。我们从广义相对论的数学方程里得到的进一步推论，就不能再靠推理了，而是需要依靠实实在在的观测结果和物理实验来证实，这是唯一的出路。

　　科学不是算出来的，不是说出来的，更不是吹出来的"新概念"。科学是在实践中，在失败中领悟出来的。

北极之行

　　北极科考日记记叙了我参加我国首次北极科考体会到
的一个侧面,折射出一个五颜六色的北极世界。

　　平时我出海从不写日记(当然不包括工作日志)。世纪之交,1999
年,在我的争取下,我得以参加了首次北极科考活动,当时我就感到这
可能是自己最后一次上"雪龙"船了。为了弥补我去南极没有写日记的

首次北极科考,作者在"雪龙"船上留影

遗憾,我在北极航次中写了两本日记。在日记中我努力忠实地记录自己在我国首航北极过程中遇到的各种事情,以及自己的感受与体会。

北极对于我是神秘的,在海洋世界,我们有很多地方没有去过,有很多科学问题在等待着我们去探知。什么是科学?可能会有很多种解释,很多种答案,但我认为:把复杂问题简单化就是科学,而把简单问题复杂化就是伪科学。在现代科学中,自然科学并不是最复杂的,因为自然科学是三维的,甚至有时被科学家们简化为两维或一维,其结果也是简单、明确、无修饰的。所以自然科学追求一种不以人的意志与好恶而改变的自然规律。尽管从这些科学结论中我们后来衍生出了无数技术和产品,但科学发现的结果本身都是十分简明而并非华丽的。

北极科考日记摘录(1999 年)

6 月 20 日

我去北极的事情已经张罗几天了,忙着体检、政审、拍护照照片,渐渐地,知道的人也多了起来。起初北海分局并没有去首航北极的名额,就是有可能也不会轮到我。这是我自己争取来的,我很想成为去过南、北两极的人。

"雪龙"船 1995 年进行首次调查设备加装,在此之前"雪龙"船只是一条运输船,并没有多少调查作业能力和技术手段。"雪龙"船之所以能顺利地完成调查设备加装工作,是因为得到了北海分局的大力协助。当时北海分局刚刚完成了大型调查设备的安装,"向阳红09"船临危受命完成了 200 多天的大洋多金属结核勘察工作,大洋现场作业效率提高了好几倍。在当时国家海洋局的三个分局里,北海分局算是有技术实力的。

此后,我又参加过几次"雪龙"船的专业试航(进行出海前的设备海上检测),极地办和极地所的人对我还是有所了解的。在当时参加南极科考的人员中没有几个人真正清楚 CTD 和 ADCP 的观测,尤其是观测数据的后处理工作。我不仅会使用这些设备,还可以做一些南、北极地区 ADCP 观测数据的处理,解决高纬度区数据处理的问题。不久我就得到了申请表,很快我就被批准了。

当我看过《北极科考计划书》后感到心中还是比较有底的,拟定的观测站位和观测断面并不难,但只有我一个人去,也害怕设备出故障时没有人帮忙,所以还是有一点担心。

许多朋友约我喝酒,为我送行,可是次数多了我感到钱包有些羞愧。家里人很支持我去北极,在当时的海洋调查的圈子里,既去过南极又去过北极的人并不太多,我能去北极也是他们的骄傲。

可是我要与家人商量的不是去不去北极,而是带不带家里的计算机,我想带着家里的计算机去船上处理南极第 12~14 次队的 ADCP 观测数据。但是孩子正值假期,他也想用计算机,表决的结果是二比一,我惨败。于是我只好硬着头皮去借台计算机用,今天总算有了结果,海上两个月的时间不会白白浪费了。

6 月 24 日

从清早开始我就为新借来的计算机安装系统和软件。我边忙乎边感慨,自己做了这么多年的数据处理,工作基本上离不开计算机了,可是却还没有一台属于自己的计算机。其实单位里不是没有,我去北极等于耽误了单位的一些工作,怕领导为难,所以不好提出来。整整一个上午,从家里到单位来回跑了两趟,总算把家里计算机的数据导入到了新机器里。

6 月 25 日

我和"向阳红 09"船实验部门主任马波去火车站托运行李和物资,两个人搬着箱子走了好远总算顺利发了出去。明天就要启程去上海,我打算先回济南看看母亲,然后再去上海。今天晚饭没有做,一家三口去了楼下的"小胖子快餐店",虽花钱不多,口味还不错。吃饭时儿子说了一句送行的话,让我听了很感动。

6 月 26 日

我乘车去济南时,正好遇到江主席乘专列来青岛,胶济铁路上最快的"齐鲁号"也要让路,发车时已经晚了半个多钟头。好在晚饭前我赶到了济南,吃过晚饭后和母亲一起去省体育馆散步乘凉。母亲虽然一直都不愿意让我出海,但很理解我,她只是淡淡地说了一句:"这下可圆了你去南、北极的梦了。"离开济南前,我本想去趟英雄山看看过世的父亲,因怕母亲伤心我还是没有去,那就等到回来时再去吧,我想在九泉之下的父亲一定会为我感到高兴。临去上海前,母亲一定要送我到火车站,上了自动扶梯后我看着母亲步伐蹒跚,又把她送了下来。

6 月 27 日

我在火车上睡了一夜,今天一清早就到了上海站。下火车时正遇下雨,我只好找行李房的人帮忙。他们不仅代取行李还帮着找出租车,服务很好,但要收费 20 元。招待所就在中国极地研究所(今"中国极地研究中心")的边上,各地参加北极航次的人都住在这里,招待所里住得满满的。一进招待所我就感到了一种强烈的情绪,很多人是第一次出海,尤其是首航北极。他们眼里放着光,语言中透着自豪,不停地忙碌着,外面的大雨也不能阻止他们进进出出。

6 月 28 日

午饭后,送科考队员上船的大客车来了,大家很有序地上车,但由于好多人带的大包小包的东西太多了,好半天没能上去几个人。三十几分钟后,我们被送到外高桥一个新建不久的集装箱码头,"雪龙"船已经停靠在那里。老天十分配合,车到码头时雨停了。

在舷梯口,每人发了一个胸牌并告知住舱房间号,我还是被分到去南极时的房间。真是有缘,竟还是同一个床位,只是当年我是与刘处长同一个房间,现在是与极地研究所的老罗住在一起。我放好行李后来到熟悉的实验室,除了杂物多了和舾装的气味小了,其他几乎没有变。打扫完住舱和实验室我已经是满身大汗。用过餐,我把计算机安置好,整理了一下行李,之后冲了个凉水澡,看看表已经是下午两点多了,想起出门时母亲一再地交代,到了船上后不要忘了打个电话回家。于是我去找有手机的人(我当时没有手机),给母亲打了个电话报平安。可因为手机电量不足没有给青岛的妻子和孩子打成电话。

6 月 29 日

船上的第一个晚上我睡得很香,一觉醒来天已大亮,看看表已经过了早饭时间。我一出门正好遇到中国海监总队的李亮,1995年随"向阳红 09"船去太平洋进行多金属结核调查时,我与他一起出过海。他知道我在海上通常是白天睡觉,晚上干活儿。因为要赶外出购物的车,他匆匆地招呼道:"看来你今天算是起早了。"

外高桥码头很偏僻,想出去要走好远的路才能找到出租车。

安排购物的车准点到达码头，三十分钟后，我们来到一个仓储式大超市。这样大的超市我还是第一次在国内见到，比国外的超市还要大好多，按照安排我们有两个小时的购物时间。购完物我提前半个小时回到车上，不久很多人也回来了，有人还买了好多手纸。一看就知道这是第一次出海的人，其实起航后船上会发各类生活用品，牙膏、毛巾、水杯、手纸样样都有，足够一个航次用的。

首航北极的宣传声势很大，赞助商很多，从啤酒到速冻食品，从计算机到工作服，各式各样。听说厦门对来参加本次首航北极的人很重视，市里领导还为参加首航北极的队员及家属举行了欢送会。相比之下，我是自己来的上海，只有朋友们为我送行。其实我不想把首航北极作为资本，仅视为又一次出海工作，不同的只是去地球的最北边而已。

安顿好后，我开始调试设备。当给 ADCP 通电后，设备竟然毫无反应，经反复检查我发现是电源故障，但船上没有备用电源，我与老罗商量后决定用外接电源试一试。老罗马上冒着大雨出去买电源，接近天黑时才回来，身上已经被雨水打湿了。接好电源后，开机通电，ADCP 工作正常，我悬了大半天的心总算是放下了。吃过晚饭，最后一批物资送到船上，大雨还在下着，大洋科考队员冒着雨把十几箱东西搬上来，个个都被淋湿了。明天就要起航，但愿不要下雨。这几天来我没有借到手机，好不容易借到了一个，家里还没有人接电话。等我再借到手机时，已经是半夜，也没法打电话了。

7 月 1 日

上午 9 时 30 分，起航仪式在国歌中开始了，送行仪式场面很大。就在仪式开始前约十几分钟，一直下着的雨竟然停了。码头上站满了欢送的人群,有领导、嘉宾、家属、同事、朋友等,少先队员的旗帜上写着"南极预备队员"。仪式庄严而简短。"雪龙"船离开码头时云彩裂开了一条缝,阳光透过云缝照在码头上,我们看到了几天没有见天的阳光,"雪龙"船鸣笛三声缓缓地离开了码头向长江口驶去。不一会儿,裂开的云缝才又重新合上,看来天公作美,这是一个好兆头,祝愿北极之行顺利。

7月2日

中午"雪龙"船从长江口吴淞锚地起锚开始向北极航行,直到这时我才看到了"海上作业实施计划"的详细内容。按照计划我们先航行到美国阿拉斯加诺姆港,再经白令海峡进入北极。途中在楚科奇海有三条东西排列、南北走向的断面,在白令海有六条扇形展开的断面。完成观测后再向北航行至高纬度浮冰区,在那里要完成海气和冰川的观测项目,然后返航。

大洋科考队合影留念(作者后排左二)

白令是沙俄的一名海军军官,当年为了在北冰洋上开辟中国、印度和西亚航线进行了不懈的努力和尝试,最后由他的助手完成了使命。为了纪念他的勇敢精神,后人以他的名字命名了"白令海"和"白令海峡"。这些都是我从参加这次科考的记者那里听来的,是否如此,我没有考证过。

首航北极的记者之多是我第一次见到。其中 11 个人来自央视和四川的媒体,其余分别来自不同单位,比如:中国青年报、北京青年报,有些是摄影记者,有些是文字记者,还有的是多面手,总共大约有近 30 名记者。我与他们打交道不多,记不过来。

7 月 3 日

今天是起航后船上的第一次周末会餐。按照习惯,每逢周六都要加餐,每桌六个菜,每人一瓶啤酒(因为今天是第一次,所以比一般周末略丰盛些)。刚出海青菜还很多,菜肴很是丰盛。有很多人不喝酒,啤酒让给了能喝的人。"雪龙"船起航前带了很多酒,有人自己也带了不少酒。船上对喝酒的事既不提倡也不限制,自己把握好就是了。大洋科考队有很多是出过海的人,对于每周例行加餐习以为常,喝酒也不多。记者们大多数是第一次出海,很兴奋,再加上酒劲,更是兴奋得不得了,到最后餐厅里只剩下记者和喜欢与记者打交道的人。

在"雪龙"船老区二层餐厅的边上有个小"邮局"。南方人的经济意识比北方人超前,开办"邮局"是船上的一项收入。邮局不大,台子上摆满了与南、北极和"雪龙"船有关的邮品。首航北极的纪念封每人会发几套,想多要就得自己掏钱买,每套 20 元,各种邮票的价格也不同。如果想将自己拍的照片印在特制的纪念封上,需要另外加收 10 元工本费。也有免费的邮戳和几种纪念戳,可以随便盖,只是人很多(有的人要盖上百份),需要排队盖章。盖章使"邮局"变得十分热闹,甚至是人满为患。首航北极科考的特制银质纪念币每人仅发一枚,可以自己买(120元一枚),但每人限购两枚。

7月8日

几天来我们一直沿着堪察加半岛航行,现在能见度很好,可以看很远。风平浪静,船就像是在巨大的湖泊里航行。在船的左舷,我们可以清楚看到远处的陆地和火山口上覆盖的白雪。近处是深蓝色的海水,天空中飞着白色和灰色的海鸥,不时发出几声鸣叫。

航行期间事情不多,为了促进交流,每天下午都会安排学术讲座,介绍各学科的最新进展和研究情况,就连极地后勤保障也做了交流。有人感到这似乎有些多余,其实不然,后勤保障是很重要的。作战时美国会由高级将领直接指挥后勤保障,可见他们的重视程度。海洋调查与打仗有类似的地方,导致一项作业出现问题、难以实施,经常就是因为后勤保障不利。

航行在北极浮冰区的"雪龙"船

刚出海这几天,恰逢天气好,在海上看日出日落要比陆地上好看。太阳即将升起时你会感到它在天水之间跳动，记者们围着太阳照来照去，据说他们背在身上的数码照相机价值百万元。随着向北航行，纬度越来越高，白天变得越来越长，现在天黑的时间只有几个小时了。我自己的作息时间已经完全颠倒了过来，白天睡觉，晚上干活儿。晚上实验室里没有人，很安静，心也很静，工作效率也高。估计再有几周的时间，南极 12～14 次队的 ADCP 观测数据就能够处理完了，我就可以开始动手编写南极 ADCP 数据报告。

纪念封和首日封盖章活动过去后，我去"邮局"买了几百元的纪念品，由于钱少不能多买，我需要留足回青岛的路费。

7 月 10 日

"雪龙"船在经过俄罗斯的阿普卡后转向 90 度，向东航行进入白令海。白令海上层水温在 6～8 ℃，XBT① 观测显示在几十米以下有一个明显的温度跃层，在 100 米深处水温只有约 −1.0 ℃，上下差了接近 10 ℃。随着向北航行，气温也在慢慢地降低。但实验室里还是可以穿单衣的，如果到舱外活动就要穿棉衣才行。我每天都去大舱盖上走上几十分钟，呼吸一下新鲜空气，算是我的室外活动了。

由于船的主推漏油，我们在科曼多尔群岛附近海面上漂着检修了六七个小时。

记者们是船上的活跃分子，哪里有事他们就会围到哪里，总是找些趣事轶闻和他们感到新鲜的事情写报道，而不去进行深层次的采访，让人觉得他们好像对花边新闻特别感兴趣。由于近来比

---

① 一种在船舶航行中使用的，抛弃式（一次性）的海水温度和深度剖面观测仪器。

较安定,没有特别的事情发生,记者们就自己造势在餐厅里举行"迎冬晚会"。各路记者出奇招吸引了不少人来观看,好不热闹,领导也只好出席,大家聚在一起并不仅仅是为了热闹一下,这也是一个很好的沟通机会。

船一直沿着大陆坡航行,水深在 100 米左右。ADCP 外置电源一直工作正常,船航行得很平稳,可以得到很多组 ADCP 的打底数据,这对于统计数据处理中的修正参数很有用。离家已经半月有余,现在一切都渐渐安定下来,热闹劲儿已随着时间的延长而消沉下来,我在安静的实验室里也会经常想家。

我本来打算暑假带孩子出去走走,让他看看外面的世界长长见识,现在看来成了泡影,我感觉很欠孩子的。只有寒暑假才是我能够为孩子出上力的时间,现在只能让妻子一人承担了。每年天热时老母亲都会来青岛避暑,今年也没有办法陪她老人家了。

7 月 12 日

现在"雪龙"船已经航行到了北纬 62 度,晚上已变得很短。一觉醒来看看手表,但你分不出是下午 5 点还是早上 5 点,不知道是不是该起床了。如果这个点起床,要是吃早饭还需等上两个半小时,要是吃晚餐只有半个小时的洗刷时间。所以只有看表是十一点时起床最好,要么是午餐,要么是夜餐,总之都有饭吃。

按照计划,"雪龙"船要停靠诺姆港,接台湾和香港的科考队员上船。大家都很高兴,这下我们可以接一接地气了。诺姆港属于美国最北部的城镇,一看到它就让我就想起了智利的蓬塔阿雷纳斯。这两个城镇一个在北半球,一个在南半球,都是很小的城镇。小镇依山伴海,分布在沿海的狭长地带,远远看去最高的建筑只有两层,看不到铁路,汽车也很少,但天上飞来飞去的飞机还是能让人感受到一种现代化的气息。盛夏时节,远处的山上仍然可以看到有不少积雪。房子看不出有什么特别之处,色调也不丰富。耸立在码头上的灯标颜色却很鲜艳,上面是绿色,下面是白色。这里的夏天几乎没有晚上,所谓天黑只是没有了直射的阳光,比我们的黄昏还要亮一点。这里晚上 12 点开始入夜,凌晨 1 点多就出太阳。如果要拍照,几乎是拍完日落,抽上几支烟就可以准备拍日出了。

船舶代理为我们带来了 RDI 公司寄回的返修电源,可是当我安上后噪声很大,发热也较快,因此没敢使用,还是继续用外置电源来维持设备运转。靠港计划变了,但没有事先通知。接上人后,下午"雪龙"船就起航了,这让大家很失望。起航后船沿西经 170 度向北航行,穿过白令海峡开始向北极更高纬度进发。由于有浮冰的阻拦,我们最后能够到达多高的纬度连我们自己也不知道。

起航不久,广播里传来记者们出的两道竞猜题:A."雪龙"船在什么时间通过北极圈?B. 我们哪一天会看到第一片浮冰?

7 月 14 日

1999 年 7 月 14 日,早上当地时间 6 时 45 分,"雪龙"船穿过了北纬 66 度 33 分——北极圈,进入北冰洋。

刚吃过早饭,我们实验室一下子来了好多记者,他们来采访北极"第一个"大洋观测站,了解大洋科考队员是如何作业,看看有哪些可以报道的事。其实,我们已经做过好多站了,现在仅是进入北极圈后楚科奇海观测断面的第一个观测站位。几天来我们一直在轮班作业,我刚刚忙了一整夜,现在要下班了。等到记者们摆好架势,我已经洗完澡准备睡觉了,他们是如何采访的,采访了哪些内容我不得而知。

大洋作业在有条不紊地进行着,可是站位和作业设计与实际情况明显不符。由于作业区的水浅,观测用时很短,原来设计的那些站位很快就要做完了,用时还不到计划时间的一半。看来做计划时并不太清楚这里的水深情况,要么就是仓促赶出来的计划。我们并不善于仔细地做计划,不愿意在计划阶段多下些功夫,这是我所见到的我国海洋调查作业计划的通病。

7月15日

当地时间0时15分我们看到了第一片浮冰。

北极的浮冰给我的第一印象是不如南极的干净,有些浮冰似乎像是被深黑色的东西"污染"了,有些上面有暗黄色的东西,有些冰上面还盖着一个雪帽子。也有一些晶莹剔透、洁白如玉,但是不如南极的多。还有高一些的浮冰,但最多像是凸起的丘陵,不像南极的冰山刀削斧劈一般,给人壮丽的感觉。后来听搞生物的人讲,浮冰上的颜色并不是由于污染造成的,而是一些附在冰上微生物的颜色,由于北极的周边是陆地,海洋中的浮游生物要比南极丰富得多。

从直升机上看北极浮冰

临时新增加的观测站位一再被浮冰占据,在浮冰里作业风险很大,一不小心可能要丢失设备。作业一直断断续续地持续了三天时间,北纬71度几乎成了我们难以逾越的界线,有时船在冰缝中来回绕了一个大圈,最后还是没有越过北纬71度。

并不是"雪龙"船不能再向高纬度航行,而是在进到浮冰缝隙之前我们先要看好退路。"雪龙"船无法压碎厚度两米以上的浮冰,假如进入后浮冰缝隙合拢,把船围在里面那问题可就大了。船长很有经验,没有贸然行动。首次科考本身就具有探险的成分,但是拼搏不等于拼命,要讲科学,讲方法。

原先的调查作业计划并没有备用方案,现在的情况使我们不得不讨论下一步的去向了。一些人主张返回白令海先进行一段时间的海洋观测,然后再寻找去高纬度区的路径;另一些人主张继续寻找北上的途径,继续向高纬度进军。可是向北挺进,路在哪里?并没有人知道。在等待上级的回复期间,首席科学家左右为难,一天多后上级指示到了,我们继续北进。

船又继续在冰缝中航行,可是速度很慢,多在四节以下,有时只有一两节的航速。"雪龙"船在冰缝里徘徊,无望地寻找着北上的路,三天过去了还是没有多大的进展。今天又是一次长时间地修船,这大概是第四次修理了,据说还是船的主推出了点故障。反正我们也找不到合适的路,总感觉是在消耗时间。总之,船上的气氛很沉闷。

7月18日

当地时间下午3点左右,广播里传来二副的声音:"在船前方的浮冰上有两只北极熊。"几天来的沉闷气氛一下子被打破了,甲板上立刻响起一阵急促的跑步声,大群的记者涌向船头。可以看到在船的左侧和正前方各有一只北极熊,它们在距离船 300 米远的浮冰上漫步行走,并没有躲避"雪龙"这个庞然大物的意思,全然一副北极霸主的样子。它们看上去有大半个人高,白色皮毛中略带浅黄色,我看不清五官。后来从记者拍的照片上看,北极熊很可爱,感觉还略带一点稚气。

7 月 22 日

据说记者们发回去的有关北极熊的报道引起了不少误解,以至于计划到浮冰上作业的调查队员的家属发来邮件询问浮冰上作业的安全问题。引起这些误解的原因是有些报道夸大地讲:"在我们的作业海区估计有 4000 只北极熊在活动,而且在夏季的繁殖期里,它们常有攻击人的情况出现。"

"雪龙"船可以通过卫星收发电子收件,我和李亮还参与了邮件服务器值班,在固定时间发出和接收邮件包(每天收发两次),当李亮找到我时我主动要求值夜班。收发电子邮件要收费,且价格昂贵,不是一般人能够负担的。至少我是这样,一直望而却步。

7 月 25 日

一次 CTD 作业时仪器带上来一个 15 米长的生物,据学生物的人讲:"这是一种类似海带的植物。"还有一次带上来一个大水母。我感到北极海域海洋生物明显要比南极多。

今天最好的消息是过几天我可以打"电话"了,每分钟通话收费四元,这是我可以接受的价格。船上与东海分局通过短波通讯(单边带通话),再由东海分局值班室转接到家里的电话上。其实这不算是真正的电话,不能双向通话,只能像对讲机那样一个说一个听,要交替着通话。

7月28日

当地时间午夜,当我到电台登记打电话时,有好几个人早就已经等在那里了,我排到了第五名。当地时间凌晨一点(北京时间晚上8点)开始通话,短波通讯经常会受到电离层的干扰,但今天的信号很好,通话也很清楚。轮到我时是儿子先接的电话,听到他熟悉的声音我感到十分高兴。更让我高兴的是他考试成绩不错,是班里的第八名,这出乎我的意料,看来儿子还是很有潜力的。和老母亲通话时她不习惯对讲的方式,总感到断断续续的,好在我们都听到了彼此的声音,我也报了平安。妻子不在家,很遗憾只好等到下一次打电话了。这是许多天来让我最高兴的事情。

每个人的通话内容大致是一样的,都是先报平安,问问孩子、老人、妻子的情况,互相提醒注意安全。厦门的郑老师和家人都不习惯对讲的方式,轮到他时,在五分多钟的通话时间里电话那边换了三个人,就是为了证实一件事情:郑老师是不是在北极与家里通话?他对着话筒大声地说着,几乎是在喊,可是对方始终也没有搞明白,这个似乎是从"雪龙"船来的电话到底是怎么回事,最后不耐烦地把电话挂了。我们很耐心地给郑老师讲解对讲电话的用法,希望他下次可以用好。

今天在新区的餐厅里记者们又搞出一个新花样——"极地酒吧",上面贴着一张招聘启事:"本酒吧招女性坐台小姐一名,望应招者前来报名。"当然这是为了活跃气氛。大洋科考队的几位老同志也在化学实验室里办起了一个"大洋茶馆",一土一洋对比强烈;一个带些自我调侃,一个属于自娱自乐。海洋局第三海洋研究所在福建厦门,当地人都很喜欢喝乌龙茶和工夫茶,队员们带的都是大桶装的茶叶,茶叶桶的个头与小水桶不相上下,茶具更是讲究,他们喝茶时总是在不停地倒来倒去,有点像玩水。

7月29日

白令海的观测工作已经接近尾声,持续的轮班让我感到很疲倦。再加上这些天来天空总是阴沉沉的,还不时地飘上一阵小雨,我和老罗早上下班后回到房间倒头就睡。当我一觉醒来,看看表已经是4点40分了,心里还纳闷,今天这一觉睡得可真够长的,赶紧把老罗叫醒起来吃晚饭,老罗应了一声后又睡着了。当我洗漱完,冲了一个澡,脑袋清醒多了,再去看表,显示10点10分,原来是我把表给拿反了。

这样的事发生过好几次。现在北极的白天很长,太阳升不高,一直围着我们转圈,所以影子特别长,即便天气好也不容易分清楚早上和下午,经常会搞错了时间,老罗幸亏没有起来。我没有再躺下睡觉,索性去吃午饭,在船上我最多是吃早饭、晚饭和夜餐,经常因为睡觉而不吃午饭。

在7月最后一天的半夜,大洋队完成了白令海的全部观测任务,比原计划增加了很多站位。8月1日凌晨,我们开始继续北上。从接收的冰图上看,半个月以来浮冰向北退去了200多公里,我们有望到达北纬73度的区域。"雪龙"船北上时船速很快达到17.5节,估计航行40多个小时才会接近浮冰区,这样我们可以休息两整天时间。

8月2日

在做完最后一个观测站时,我已经二十几个小时没有睡觉了,感到很累,人过四十岁以后体力明显下降。记得在黑潮调查时我有一次三十几个小时没有睡觉,好像也没有现在这样累。刚刚睡了一会儿就被记者们一阵杂乱的脚步声给吵醒了,原来"冰—海—气相互作用联合观测"(简称"冰海气观测")人员准备离开母船,计划用小艇送科考队员到距离大船不远的浮冰上去进行观测,一名女记者也随船出发进行现场采访。

浮冰距离母船只有数百米远,我看着一小艇的人渐渐远去,不久就停靠在不远处的浮冰上。他们登上浮冰后开始准备观测,可是仅过了几个小时,他们又像旅游者一样又回来了。据说是因为首次浮冰作业设备准备得不好,忘记带的东西太多了。在很多项目难以实施的情况下,他们只好提前返回船上。准备不足似乎已经成了北极之行的通病。

"雪龙"船在浮冰中继续航行,试图找到认为适合作业的浮冰,但选来选去都不太理想。直升机飞了好几次后,终于找到了一块符合要求的大块浮冰,很快各种观测设备被空运过去,人员也被陆续送了过去,按照计划要在这里观测三十多个小时。

8月5日

夜餐时我听说船已经靠上了浮冰,可以下船去走走看看,这真是个好消息,要不然今晚还得打上一夜的"够级"(青岛的一种扑克玩法)。尽管已经接近半夜,天却不是很黑,远远地看去可以看到浮冰上的冰海气观测站和在帐篷边上高高竖立的气象要素观测标杆,但见不到人,估计都在帐篷里。我想要是这会儿过来几只北极熊,准把他们吓出一身汗来不可。

看着这个观测站,我有些被搞懵了。半天的航行时间就可以到的地方,我们干嘛要声势浩大地去动用直升机?第二天吃过晚饭后不久,有人招呼大洋科考队员到船边上帮着搬东西。观测站的物资这次是用雪地摩托车拉回来的,我想难道观测了不到24小时就要撤了?

浮冰上的冰海气联合观测站

8月7日

首次失利后,他们总结了经验教训,近几天船又在附近浮冰边上靠了几次,继续尝试着建观测站。现在不再动用直升机了,雪地摩托车成了运送物资和人员的唯一交通工具。

船停在浮冰边上,开阔的一面是一大片平静的海水,水温在零下一度左右,像是一个巨大的游泳池。青年报的记者发起了冬泳的倡议,很快有好多人报名参加。为了防止意外,每一个下水的人都在腰间系上一条绳子。这是一群很有勇气,激情四射的人。他们由工作艇下水后,根据自己的感觉游上一圈,没有什么限制,敢下水就是好汉。我在对面的雪龙船上,看着手表为他们记秒数,他们下水没游多远就往回游,一般都在十几秒钟,有些人达到三四十秒钟,下水十几秒的几乎是沾沾海水马上回到船上,但这也需要极大的勇气,至少我不敢去,怕冷。

创纪录的是发起者本人。说来也巧,他下水游了十多秒时,慢慢漂远的工作艇打算掉头靠大船近一些,一下子把他拖在了后面。尽管工作艇紧急停车,他还是被船的惯性拖出好远(与游泳相比)。

当大家七手八脚地把他拉上船时,时间(从他下水开始)刚好过去了100秒,创下了最长的下水"记录"。后来我开玩笑地对他说:"你不是想拿个第一名,想创个记录,才提出冬泳的倡议吧?"

8月9日

冰海气还需要两天的观测时间,按照计划我们要去加拿大北极小镇伊努维克,这次活动名叫"华人北极世纪行"。这个小镇是因纽特人的聚居地,因小镇位于常年冻土带,这里没有公路却有机场,飞机是小镇与外界的主要交通工具。加方联系人是渔猎协会一位姓李的华人。加拿大有很多中国移民,我没有想到这么偏远的地方也有华人,看来华人真是无处不在。

不管首席科学家和领导怎么解释这次活动,我总觉得不太像是官办的,像是一次民间活动。船离开了浮冰区开始向东南方向航行,在浮冰区里航速很低,有时船头正正地撞到冰块上,就像撞上了一个大的障碍物,船体发出低沉的声音微微地颤抖一下,我甚至能感到船头被冰块挤向一边,然后再正回来。由于是在浮冰里航行,ADCP的信号很差。

8月12日

吃午饭时船到达了预定地点,这里距离加拿大海岸还有25海里,水深16米。首席科学家简要地说明了这次活动的内容,再次强调这是一项政治任务。"世纪之交,两路大军在北极汇合,一路是来自大陆的北极科考队员和海洋科技工作者,一路是从海外众多华人中选出来的20名世纪行队员。不久我们就要在地球的北极汇合。这场面……,这意义……,这……。大家要遵守纪律,按统一安排……",可就是没有说为什么船要离得这么远,又恰好停在加拿大海岸线的边上。

8月13日

开始是说计划分两批乘工作艇去接世纪行队员来船。我想小小的工作艇跑这段距离要近4个小时,那岂不要被冻坏了;而后又告知改为乘飞机分八批过去,还要选出一些代表乘当地的班机去不远的城市拜会当地政府官员。后来又有了新的计划……对于计划的不断改变,我们现在已经习以为常,也懒得去仔细打听,反正到时候总会有个说法,看这架势比在诺姆港时好不到哪里去。

说来也怪,就在这时船上的空调出了故障没有暖气了。今天是北极科考以来最寒冷的一天,在实验室里我穿着平时外出时的棉衣还是感到手脚发冷,由于没有风还能坐得住,但是睡觉时由于房间里很冷,我只好穿着外衣钻进被窝蒙着头睡觉,迷迷糊糊中总算是睡着了。到了早上5点多钟我就被冻醒了,实在是感到太冷没法再睡,干脆起来,用热水(平时我从不用热水)洗漱后感到好一些了。我冲上一杯热茶,来到实验室想继续干剩下的一点活儿,但困乏和寒冷还是不停地袭来。

这情景让我回想起在"海勘08"船上的一次经历。那也是一个寒冷的冬天,我们要测量鸭绿江西侧靠近东港的航道。船赶到江口时已经有了海冰,但是比较薄。我们虽不是破冰船,但钢体船对付薄冰还是没有问题的。我们开始沿着航道向上游测量,勘测了几十公里以后,逐渐河道上开始有了从上游下来的淡水冰,这些淡水冰要比刚刚冻结的海冰坚硬,船长怕被冰卡住打算返航。为了多测一段距离,我顶着寒风站在船头探出身子观察船头与冰的接触情况,就这样又向上游探测了十多公里。当我看到淡水冰渐渐开始多了起来,直到船已经不能再向上游探测时我们才转回海上。

在我们离开航道回到海上之前,寒潮的前锋到了。风开始加大,气温下降到零下几度。我站在船头被冻得够呛,回到房间后好半天才暖和过来。船长为了安全起见在远离浮冰区抛了锚。半夜寒潮来临后气温下降到零下十五六度,空调相继停了机,房间里很冷。睡觉时我也没有脱衣服,把所有能盖的都盖上了,但是还是冻得睡不着;迷迷糊糊了一夜,早上起来时被窝里还是凉的,喝水的杯子也已经冻在了桌子上。

8月14日

我正在实验室集中精力盯着计算机屏幕,忽然听到有人用一口带有西洋味的汉语向我打招呼。回头一看,一人身穿黑色上衣,上书"华人北极世纪行",手持着家用摄像机,偏分的头发梳理得很整齐,一看就是我国的南方人。这时我才意识到世纪行的序幕已经拉开,也猜到计划肯定是又变了。

昨天晚上没有吃夜餐,肚子里开始咕咕地直叫。与往常一样,来吃早饭的人并不多,但我发觉凳子不知道去哪里了。吃过早饭我感到暖和多了,可困劲儿又上来了,我回到房间和衣而眠。朦胧中听到反复的广播声音:"大家注意,请全体人员马上到大舱盖上集合,'华人北极世纪行'活动就要正式开始了",看看表我才睡了一个多小时。

当我来到集合地点时,舱盖上已经零零散散地来了一些人,室外有些冷,雾气也很重。他们身穿黄色上衣,沿着黄线弯弯曲曲地排成两行,他们是今天来"雪龙"船的客人,即"华人北极世纪行"的加拿大队员,大约有二十几个人,有两个还是孩子,看上去大约十来岁吧。原来餐厅的凳子被搬去搭建主席台了,主席台上摆了一些双方互赠的礼品,其中有一副金庸的题词,其他都是小东西,我没有看清楚是些什么。仪式热烈而简短,仅有二十分钟,可是我们已经被冻得够呛。仪式结束时好多人拉着一条长幅,高呼着口号在大舱盖上转圈。当我再次回到实验室时茶水已经凉透了。

午饭还是没有凳子可坐,凳子又被搬到冷餐会上去了。我回到实验室吃完午饭后赶到了二楼,因为广播里通知:"请大家饭后到二楼,在长幅上签字。"我还是第一次在闪光灯下签名,在长幅密密麻麻的空隙里,我把名字签在了李亮的边上,我想,看来所谓去加拿大应该是到此为止了。吃过晚饭后,我照旧在实验室干自己的活儿,不多时广播里传来船长的声音:"两小时后工作艇返回,然后我们起航去高纬度区继续下一步的工作。"

8月15日

当地时间17点,我们从加拿大海岸起航向西航行,再次回到高纬度区执行首次北极科考的最后一项观测任务,即在浮冰上进行7个昼夜的冰海气联合连续观测(简称"联合冰站")。

我们经过一天多的航行又回到了北纬73度的浮冰区,但总是找不到满足观测要求的浮冰。现在气温下降到零下两度,早上又传来了发现北极熊的广播,照样又是一阵子骚动,有很多人跑出来拍照。所以今天吃早饭的人特别多,连平时总要剩下的稀饭都喝光了,这是不常有的事。

中午时船停了下来等待气象,据说要出动直升机为联合冰站寻找大块的浮冰。几个小时后天气好转,阳光灿烂,远远看去,船的四周全都是大块的浮冰。不多时直升机就起飞去寻找浮冰了。

8月17日

船已经停了半天时间,还看不到联合冰站的人做准备,他们干活儿总是这样,大家已经习惯了。吃过晚饭船又开始航行,现在的船位是:北纬 74°54′59″,西经 160°20′11.7″,水深是 2030 米。

第二天吃早饭时听说返回上海的时间已经定在了 8 月 25 日,并要在诺姆港停靠一天时间,送中国台湾、中国香港和韩国的科考队员下船。言外之意,我们也可以下到陆地接接地气,尽管听上去很诱人,可是大家几乎没有什么反应,现在已经没有多少人愿意关注这些不着边际的"计划"了。

不久,在飞机的协助下终于找到了适合建站的浮冰。原来有一大块四十多平方公里的浮冰很适合建站(卫星冰图显示是块来自格陵兰岛的浮冰),可就在我们去了一趟加拿大后,这块浮冰找不到了,在卫星冰图上也看不出来它飘去了哪里。不管怎样今天终于有了结论。

8月19日

早上对讲机里不断地传来冰站上的要求,他们要求转移站位,说冰融化得很快,再不转移他们就要掉进海里了。我想选了好几天的浮冰,这才干了不到一夜,浮冰怎么就要化了?他们的运气真的是太不好了。后来我才知道实际上他们是想换班,要求吃饭睡觉都回到船上。

联合冰站离大船很近,我们可以看到搭起来的帐篷。更北面的浮冰距离很远,每天都要出动直升机运送队员去进行各种采样和观测。每组都有一名专门负责警戒的人员,他们有枪,但规定得很严格,除非遭遇北极熊等大型动物的主动攻击才能开枪射击,否则只能朝天鸣枪示警,吓跑它们了事。几天来几组人出去干活儿都没有遇到北极熊,尽管都带了照相机,然而都是无功而返。每次出发前领导还是会一再地强调,一定要注意安全,不能放松警惕。

第一次,也是唯一一次近距离地与北极熊面对面地相遇还是发生了,可惜没有留下一张照片。

北极的浮冰并不是一马平川,有高有低,高的地方有几米,甚至十几米。当这组人员乘直升机落地后,他们就分散开来各自采集样品,进行不同的观测,每个人都在聚精会神地干着自己的活儿。兰州冰川所的一名女科考队员距离高坡最近,无意中她抬头向高坡看去,只见两只大熊中间夹着一只小熊正在俯视着她,吓得她大叫一声放下东西赶紧往回跑。

负责警戒的人一开始并没有注意到高坡上的北极熊,听到尖叫声才看到,但是他的枪并没有背在肩上而是放在地上,距离他有十多米远,看来还是有些放松警惕。据他们说,负责警卫的人在拿枪时跌跌撞撞,不知道是因为紧张还是地滑,至少摔倒了三次,随后大家立刻躲到他的身后。

三只北极熊对着他们看了一会儿,不知道刚才这一声尖叫和一阵混乱是因为什么。它们并没有攻击的架势,仅是和队员们相互对视了一会儿,然后缓缓地转身消失在高坡的后面。科考队员们仍是心神不定,不知北极熊是否会再返回来。过了一会儿他们见没有任何动静,才有人想到拍照,可是还是没有人敢走上高坡去看看北极熊到底走了没有,走了多远,更不敢过去拍照。

8 月 23 日

直升机开始陆续带着科考队员到远处的浮冰现场感受北极的浮冰。我们(大洋科考队)被分成了好多组,直升机每个批次可带五六个人,接近十一点时轮到了我们组。直升机在起飞时,螺旋桨在头顶上飞速地转动,声音很大,发出刺耳的尖利声音,除了发动机的声音什么也听不到。

起飞后直升机离开飞行甲板刚到船外边时,整个机身会稍微下坠一点,然后提升起来并绕船一周。从上面看"雪龙"船就像漂浮在冰海里的一头巨鲸,周边是大片大片的浮冰,一望无际。我们向西北方向飞行了大约十几分钟,就到达距离"雪龙"船20多公里远的地方。直升机平稳地降落在大块浮冰的雪地上,螺旋桨还在旋转着,地面上的雪被吹起,漫天飘舞。我们离开直升机后,上一批来的人就开始登机,乘机返回"雪龙"船。

当直升机在浮冰上起飞时,螺旋桨把下面的雪吹起来,就像吹起一层薄薄的雾气。由于天气晴好,又几乎没有风,直升机在包裹着的雪雾中缓缓地离开冰面;上升到20多米后机尾上翘,开始加速向前,渐渐远去,直升机逐渐变成了一个小黑点消失在蓝天白云之间。

这时我才感到四周十分安静,而且这种安静超出了想象。这是我从没有经历过的"安静",甚至有些让人可怕。即便我在荒郊野外的海滩上干活儿时,也不曾有过这种感觉。我走出的每一步都能听到脚下的雪发出的任何一点声响,无论我是如何放轻脚步,雪都在响,即使是站着不动,脚下的雪也会发出声音。

在平时我们很少能够听到自己的呼吸声音,现在听到自己的呼吸是很大的声响,似乎不像是在呼吸,而是在大口地喘气。我可以十分清楚地听到心脏"砰砰"的跳动声,这些都是平时几乎听不到至少是听不清楚的声音。我还能听到衣服摩擦的细微声音。当两个人讲话时,距离似乎比平常远一点。我慢慢地走开,远离人群,静心感受这种安静。

尽管在直升机上看浮冰很大,其实上面还是有很多融化的水洼,就像一个个"冰湖"。近处看有的只是一个小水洼,很浅,才刚刚形成;有的已经成了一个冰洞,很深,几乎与下面的海水连通了。尽管浮冰有六七米厚甚至更厚一些,可是浮冰下面是2000多米的北极深海。北极的地形就像一个锅,靠近陆地的区域水浅,靠近极点的区域水深有几千米。

香港来的何先生从没见到这么多的雪和这么晶莹剔透的冰,他看上去异常兴奋。我们一再提醒他不要靠得太近当心滑到冰洞里,但他还是要往近处去,一不小心滑了下去。当我们用绳子把他拉上来时,他已经湿到了腰部,好在有人带了备用的工作服,在冰天雪地里他也只好忍着寒冷换上衣服,不然等到飞机来时非冻坏了不可。

8月24日

在我们计划要离开北极的这几天里,天公作美,天气一直都非常好。今天下午联合冰站将结束观测,船上通知:"下午6点,我们要在浮冰上举行向北极告别的仪式,除留船值班人员外,全体人员参加。"一面鲜艳的五星红旗耸立在高处的雪堆上,在白雪的映照下国旗显得格外鲜艳。大家纷纷聚集在国旗下合影,首次北极科学考察队员们在庄严的国歌声和"雪龙"船的鸣笛声中告别了北极,而这面国旗将随浮冰继续漂浮在北冰洋上。

1999年8月24日,当地20点,"雪龙"船鸣笛三声,缓缓地离开了浮冰起航返回上海。渐渐远去的国旗依然在随风舞动,我国首次北极科学考察拉下了帷幕。

科考队员们向北极告别

8月26日

我们返航的路线是沿着冰缝向西北更高的纬度航行,绕过浮冰密集区后再转向西南航行。"雪龙"船在浮冰群里航行了36个小时后离开了浮冰区,开始加速向南航行。按照新计划,我们再有一天的路程就要到达诺姆港。听说要靠港大家还是很高兴的,纷纷议论前两次没有靠港这次应该没有问题了,哪怕有一天时间也好,我们可以接接地气。听台湾来的张先生说诺姆很小,看来买点纪念品是首选了。

晚上我又去打对讲电话,还是很扫兴,近来总是信号差,好多人都没有打成电话。我打算靠上码头后先去找个地方给家里打个电话报个平安。前几天让从加拿大先期回国的赵进平老师带回去的家信不知妻子是否收到,返航让我更想家,更思念家人。

现在我们已经可以清楚地看到陆地了,这次船不再是远离岸边,比上次来的时候要靠近很多,估计明天"雪龙"船就可以靠上诺姆的码头。第二天早饭后仍没有什么动静,让我有了一种不好的预感,果然午饭时就听说不能靠港了。下午,首席科学家召开了通报会,不能靠港的原因竟然是由于美国的州政府对国家间的文件有不同的解释。所以我们要提前一天返航,原来反复协商定在 9 月 10 号靠上海港,现在提前到 9 月 8 号。除了大洋科考队还余下几个观测站位外,其他人已经开始收拾行装做靠港后下船的准备了。

8 月 28 日

由于海上风浪大,"雪龙"船没有按照预定的航线去观测站位,观测计划被取消了。船沿着日本北海道航行了一天,打算在津轻海峡清洗 CTD 钢缆,那里水深 5000 多米,现在距离那里估计还有两天的航程。我开始洗衣服,把棉衣棉裤洗了一遍,又把纪念封的章盖好。很多人找船长和首席科学家签名。

我开始准备航次数据报告,按要求每个专业都要讲,每人十分钟,我是 9 月 3 日下午第二个讲述人。下午船到达了 CTD 钢缆清洗地点,我一边开绞车,一边用淡水冲洗,直到下午五点多才冲洗完,浑身上下已湿透,自己也搞不清楚是水还是汗。这段时间大家都在打印汇报材料,很快打印机就没有碳粉了,我只能用手绘的草图介绍"ADCP 声学信息提取及声跃变与海洋跃层的对应关系"。

9 月 8 日

上午 10 点,"雪龙"船靠上了我们起航时的上海外高桥集装箱码头,欢迎仪式热烈而隆重,至此首次北极科学考察胜利结束。明天,我们就要陆续返回各自的工作单位,70 多天来大家一起工作,一起生活,一起娱乐结下了很深的友谊。在即将分手时,过去一切不愉快的事情,都像是过眼烟云随风飘去,留下的友谊才是我们永久的记忆。我自问,为什么只有一切就要结束时人才会变,或者是开始就变了,但在进行之中为什么就不是这样呢?

走向大洋，其实并不容易

在我国海洋调查沉寂了多年以后，我们终于迈出了走向大洋深海的一大步。可很快我们就知道了，要想走向大洋深海其实并不容易，有艰难，也有不少欢乐。

远洋调查还是要靠老船

我从北极回来后，单位里还是老一套，这里搞搞海洋环境评价，海洋倾倒区评估；那里做做海域使用论证、管线路由勘察，还是千篇一律的重复，而且都是一些近海调查。对这些工作我已是轻车熟路了，这反倒让我对其作用、意义和价值产生了疑惑。环海院属于企业化管理的事业单位，需要在市场上打拼，但甲、乙方的关系使我们所做的海洋环境评价、海域使用论证等评价项目形同虚设。在极高的通过率下产生各类"合法"的围海造田、围海造地、围海建楼，渤海蜿蜒起伏、婀娜多姿的自然海岸线被一刀一刀地取直，人们按照自己的构想和追求业绩的欲望，实施着一系列浩大工程。为其服务的海上勘查活动在我看来并不能称为真正意义上的海洋调查活动。物极必反，事情是螺旋上升的，正所谓当最寒冷的日子到来时，春天也就不远了。此时，一项大型的海洋调查活动正在孕育之中，"西北太平洋海洋环境调查"项目成为世纪之交我国最大的海洋调查项目，再一次揭开了中国海洋调查发展新的一页。

要进行海洋调查首先要有船舶。建造于七十年代末期的"向阳红"系列海洋调查船，北海分局为"09号"，东海分局为"16号"，南海分局是"14号"，都是我国第一批建造的远洋调查船，它们再次成为"西北太平洋海洋环境调查"的主力船舶。而东海分局的"向阳红16"号已经沉没，他们已经没有了能跑得远一点，自持能力大一点，可以进行远海调查作业的船舶。在台湾海峡调查区域，我们使用的是厦门当地的"延平号"，在严格意义上讲，这算不上是一条远洋调查船。在世纪之交时我们已经明显地缺少远洋科学考察船了，可这并没有引起我们的关注。

"西北太平洋海洋环境调查"对于"向阳红09"船来说是一次难得的机遇。这条船已经有好几年没有像样的任务了，由于船的个头大，成了北海区冬季断面调查的常用船舶。但由于在一年的时间里仅使用那么几天时间，缺少船舶保养经费，整体技术状况很差。船与车一样，长时间不动，放坏了要比开坏了容易。现在不仅需要大范围地修船，船上好用的海洋调查设备也所剩无几。

"向阳红09"船上的CTD绞车从1994年执行大洋多金属结核合同区资源调查任务以后就没有再使用过，从1986年安装在船上算起，到现在已经经历了十几年的风吹、日晒、雨淋，CTD电缆已严重老化、锈蚀，甚至用手可以掰断，已经不能再使用了。不仅CTD绞车需要更新,Mark Ⅲ CTD已经在仓库里放置了接近六年。在我几经打听后才在北海监测中心地下室仓库堆积如山的杂物中寻找到它的身影,设备落上一层厚厚的尘土。我翻了好半天才又找到甲板单元,现在已经彻底不能用了。这个曾经是"中日黑潮合作调查"中的"宝贝",曾经是"向阳红09"船临危受命执行大洋深海资源勘察的"主力",可是当年的"宝贝"也好,"主力"也罢,现在已是无人问津的"废品"。看到这样的情景,我心里有一种说不出的滋味,静静地站在那里看了好一会儿,心情十分复杂地离开了阴暗潮湿的地下室。

由于航次准备,繁杂事情多,安装浅地层剖面设备的时间被压得很紧。因缺少人手,我和康川、刁新元三个人住在船上整整干了三天三夜。我们挤在狭窄的下层舱室里干活,两个人蹲着,另外一个人只能站着,几乎是骑在蹲着的人的背上。我们一根一根地剥开换能器连接线的外皮做好接头,再看着图纸一根一根地连接好。做完后我们每个人握剥线钳的手上都磨出了几个水泡,小刁的牛仔裤也磨出来几个洞。

安装期间我们吃、住在船上,累了倒头就睡,醒来后接着干。第三天下午,设备安装完毕,在经过仔细检查后我们准备开机试验。在合上电源开关前,康川双手合十拜了一拜,但愿我们能一次成功,否则就没有时间了。开机,发射,接收,设备一切正常,我们悬着的心算是放下了。

北海分局刘宇中副局长是我的大学同学,他很聪明,也很活泼,英语很好,多才多艺,小提琴拉得也不错,是我们班的才子之一,在大学期间还演过话剧《雷雨》,那句"于无声处听惊雷"反映出当年人们对改革开放的期待与盼望。设备安装期间,刘副局长来看过我们一次,现在听到我们安装好了设备,而且一次开机成功,就特地赶到船上来看望我们。在会议室里我们简要汇报了设备的安装情况以及目前船上调查设备的技术状况,刘副局长还询问了其他一些他关心的事情。我一只接一只地吸烟,努力驱赶不断袭来的困意,可还是坐着睡着了。等到我醒来时，看到会议室里只有我们三个人，全都坐在沙发上睡着了，其他人都不知去向。我慢慢地站起来，轻轻地走出去，到房间里继续睡觉去了。

正规军不再是主力

在大型海洋调查活动停止了数年后，"西北太平洋海洋环境调查"是当时最大规模的海洋调查，而且瞄准了远洋深海。近海使用的调查设备难以承担这个项目，因此我们大量引进了深海调查设备。这些设备不仅可以完成这个项目，同样也可以进行近海调查作业。这些设备几乎都是进口的，国产很少，它们有一个共同点就是更为先进，自动化程度也高，不仅大量采用了新技术，而且基本上都是用计算机来控制和采集观测数据。过去的手持风速、风向仪，现在变成了自动气象站；颠倒采水器和水银颠倒温度表现在变成了CTD剖面仪；直读式海流计现在变成了ADCP走航观测设备。尽管在观测项目中还保留了一些《海洋调查规范》中的目测项目，但已经不再作为主要观测数据。这些变化对于当年的海洋调查的正规军来说是一大挑战，他们要在短时间内一下子接受这些设备，学会操作使用确实有难度。观测数据的后处理，观测数据的计算机校正所涉及的数学知识，处理数据的绘图和统计计算对于他们就更加困难了。现在他们不得不面临"下岗"的局面。

但是随之而来的问题是现场调查作业人员的匮乏。新毕业的学生还没有机会得到锻炼，他们与当年的我一样在现场调查作业上还是一个新兵蛋子。因此，我只能在全北海分局内物色调查作业人员，这些人既有老调查队员也有新来的大学毕业生。绞车操作、辅助性作业和《海洋调查规范》中的常规观测项目成了原主力军的主要工作，而在海上作业中他们成了辅助作业人员，进口调查设备的操作和使用以及后继的相关数据处理工作多由大学生来做,带领他们进行调查作业的则是早些年那一群还留守在调查作业一线的毕业生,我就是其中之一。

操作新设备的调查作业人员明显匮乏,调查作业队伍的更新也已经迫在眉睫,刚毕业的大学生开始走到前沿,承担起了调查作业主力的角色。可为了一个项目临时组建起来的调查作业队伍,由于没有以再造一支新的海洋调查主力军为出发点,不得不采用一种临时性的组合形式。当项目结束后,这支经过实战锻炼的队伍也就随之解散,他们像种子一样散布到各个单位,但是体制、机制抑制了他们的发展和传播,其结果是在好多年以后,我们仍然没有"正规军",游击习气却越来越浓。

黑潮合作调查时的首席科学家都已经老了,新的首席科学家也已经开始成长起来,他们为调查作业带来了新理念、新技术的同时,也带来了新的价值取向与时代的烙印,严谨的科学态度开始渐渐地改变了。那时我们使用的还是 1975 年实行的《海洋调查规范》,但是问题很多,让我深深地感到修订《海洋调查规范》迫在眉睫。

出海有时也很热闹

冬季航次起航的当天正好是老调查队员谭深发的生日,我们在 415 房间里喝酒为老谭祝寿。谭深发是辽宁东港人,当年他与一群老乡参军来到北海分局,成了一名海洋调查队员。1981 年北海分局从北海舰队全建制转到地方,后来他与我到了新组建的海洋调查队。我当调查队水文室副主任时,我们在同一个科室。老谭体壮头大,一双大眼镶嵌在一张坚毅而诚实的脸上,人很勤快,好学,好钻研,乐于助人,是个东北来的"活雷锋"。他有一手腌"虾虎"的好手艺,据说他在家里主管做菜。他是当年海上调查作业主力军中的佼佼者，也是海上作业的主心骨。他既有干劲，又有办法应付突发情况，对《海洋调查规范》也比我熟悉得多，大家都愿意与他一起出海干活。

我们喝了一会儿酒后发现北海监测中心的王友亮（老谭的同事）出去后好半天没有回来。他是第一次出海又喝了些酒，我和老谭赶紧出去找人。老谭从左舷找到船头，我找遍了实验室，在后甲板我们遇到了一起，可是谁也没有找到人。由于出来得急了，我们俩穿得都是单衣（房间里有暖气），也不知道是冻的还是紧张的，我们浑身哆嗦，刚一出来就丢了一个大活人这还了得。就在我们着急时，听到附近有声音，晚上航行舷外不开灯，我们看不清楚是谁在那里。走近一看，就是小王站在暗处吹海风，我们赶紧把他拉回了住舱。老谭告诉他："船在航行时，尤其是晚上，不能一个人到外面去，就是夜间作业也要两个人一起，好有个照应。一个人出去很危险。"不管怎样，人没有出事就好，其他的事情以后再慢慢教他吧。

经常出海的人都知道在海上并不总是艰苦的调查作业，也有搞热闹，调节工作气氛的办法，也有很开心的时候。老谭就是搞怪的老手，尽管他"保皇"（青岛一种玩扑克的名称）打得很好，但在船上我们一起打牌时他总是要输牌，因为大家都合起来要赢他，为了让他多带几个纸做的"帽子"让大家看着开心。

夜间值班时人总是会犯困，在两个测站之间会趴在试验台上眯一会儿，休息一下。船一到站位，刚睡醒就站起来干活时，人难免会有些迷迷糊糊，这时很容易出现意外。有一次到站后，有一个同事抓过眼镜戴上总是觉得看不清楚，揉揉眼睛后还是看不太清，再擦一把眼镜还是不太好，这时他才发现镜片上不知道被谁用油笔画上了几个圆圈。在下一个站间航渡时，他没有真的睡着，而是偷偷地观察上次应该是谁在搞鬼，确定怀疑目标后，他也开始动手了。

133

吃早饭的时候,调查队员老张总感觉别人先是用一种异样的眼光看他,然后神秘地微笑着走开。他觉得很奇怪,看看自己并没有什么异样。过了一会儿,有人看了他一眼并向餐桌下面指了指,老张低头一看,这才明白夜班休息期间脚趾甲不知被谁染成了红色,"气得"老张端着碗离开餐厅回到实验室去了。像这样的小玩笑,即便老张不是始作俑者,也会被大家"诬陷",因为他常常用此法让夜间值班犯困的人提高警惕,从而保持清醒。当然也有一些时候就是单纯地为了热闹热闹,活跃一下气氛。

冬季是四个季节里最困难的航次。"向阳红 09"船从起航后就一直不停摇晃,有一天,副政委房间里的老式保险柜都被晃倒了,这可是几个人合起来都搬不动的。不知道保险柜是怎么把门堵住了,副政委怎么也推不开门,进不了房间。轮机部门的几个人好不容易把门推开了一个缝隙,进去两个人才移开了保险柜。我们看着被保险柜撞坏的椅子感到很庆幸。好在副政委很勤快,每天一清早就会去厨房帮忙做饭,要是在房间里说不准要被砸伤。

冬季航次往往天气比较差,我们在海上摇晃了三十多天后才回到舟山群岛的沈家门锚地。小渔船把我们带到渔码头,上岸以后每个人都不由自主地深一脚浅一脚地走路,因为在摇晃的船上走习惯了,回到陆地反倒是不适应。我们就像是一大群醉汉,大约半个小时后我们才能恢复走直路。虽然晕船不好受,可有时在船上摇晃的时间长了,人习惯了那种摇晃,一旦上了陆地你就会感到陆地也在摇晃。有一次我们乘小船从威海返回青岛,虽然一路上都是侧浪,船很有规律地摇晃着,但我们并没有感到晕船。可当我们靠上码头卸下设备后坐在码头上等车来接时,看着对面的码头也觉得码头在摇晃。坐了一会儿,大家都有一点晕船的感觉。出了沈家门码头区,我们上了一辆小公汽去市区。到站后我们鱼贯而出,嘴里还不断地说着谢谢,最后一个人下来时被卖票的拉住了，"不能光说谢谢，你们还没有交钱呢"，搞得我们很尴尬。在海上，衣、食、住、行从不用花钱，时间一长，钱的概念也淡化了。

干活要有经验和技能

在大风浪里进行 CTD 观测，往水下放时还好办，回收到海面附近就难了，设备一出水就摇晃得很厉害，碰到船帮上，十几毫米粗的采水支架都会被撞弯。这对指挥开绞车的人要求很高，对操控绞车的人的技术也要求很高，而且两个人要配合默契才能控制好设备出水的时机和节奏，该快则快，该慢则慢；既要防止冒顶①，又要尽量减少设备受损，降低设备损伤程度；还要观察周边情况，防止伤到其他作业人员，保证作业安全。这是一个既要有胆量又要能准确操控的活儿。很多人会开绞车，但开得好的并不太多。在调查队员中马训辉和张永德都是开绞车的好手。

准备进行 CTD 观测

① 指设备或装置被向上提升过度，撞到或卡在滑轮上的一种意外情况。

135

马训辉,山东高密人,毕业于四川大学,是一名老资格的调查队员,参加黑潮调查比我要早几年,"向阳红16"号船沉没时他就在那条船上。他爱喝酒,每次出海回到青岛总要先去买两斤蛤蜊,吃着蛤蜊喝啤酒是很多青岛人的喜好。我们住在同一栋宿舍楼上,有一年夏天出海回来后,我见他坐在他母亲卖散啤酒的小摊前,一边卖酒一边自己喝,只剩下桶底时,他干脆搬回家自己喝,不卖了。他和张永德不仅开绞车的技术高超,责任心也强。海上作业个人的责任心很重要,一个和谐的团队更重要。面对问题和困难谁都会有想不到的地方,队员之间相互提醒,在别人干活时很有眼神地递上工具,对干活的人都是一个无形的鼓励和支持。

在这次调查中我首次接触了多参数拖曳体(U-Tow),这也是我国首次引进的近海面多参数走航拖曳①观测设备。从U-Tow的安装到海上试验一直进行得比较顺利,然而在一次拖曳体试验中,自动舵控制失灵,经检查发现电子舱里一个电容器在震动中脱落。当时在青岛买不到替代品,急得外方工程师打电话回英国询问,公司告知需要一周多才能邮寄到。按照航次设计,还有不到一周的时间我们就要起航,时间来不及了。在外商没有办法时,我们提出了一个修理的方法:在只有一毫米多的距离上给电容器焊出两条引线,然后再把引线焊接到电路板上。没有其他办法,外商也只好同意试一试。这可不是一件容易的事,我们商量了好半天,又反复试验了几次之后,张永德牢固地焊好了电容器,后经过测试控制舵恢复了正常。老外们看着修复的设备,露出了惊讶的神情,高兴地竖起了大拇指。

张永德,高高的个子,头发自来卷,不善言辞,虽话不多,但心细手

---

① 拖在海里进行多要素观测的一种设备。在走航观测中,设备可以按一定的幅度上下运动。

巧。他本身是搞化学的，不仅化学实验做得一流，还业余自学了无线电技术，经常免费为同事修理电视机、收音机等小家电。在我们检修调查设备时，每当遇到那些细致活儿，经常是他来动手做，大家都很放心。

不是每次都有运气

出过海的人都知道海上作业是有风险的，规避这些风险需要有调查作业的技巧和经验，即使是看似平常的工作也隐藏着危险。有一次在回收声学浮标水下电缆时，电缆突然被螺旋桨缠住，堆在甲板上的电缆被快速地拉向船外，幸好拉着电缆的人没有站在电缆堆里，不然连人也要被拖到海里去。

在大风浪里进行调查作业风险更大，伤到设备还算是好的。近海有很多渔网，都很结实，这些网留在海面上的标志物一般都不太大，也不明显。在我们做多参数拖曳时，驾驶室瞭望人员在望远镜里看到远处海面上有一个漂浮物，为了防止挂上渔网，船立即减速转向避让。可是船不像汽车，没有刹车，转向需要几倍于船长的转弯半径。我们眼看着浮标一点一点地向船接近，船仍低速向前滑行。

我指挥作业人员用最快的速度回收拖曳体，就在设备距离船艉还有几十米时，船头擦着浮标压了过去，拖曳体还是被挂在了浮标与渔网的连接处。哪怕再有半分钟的时间，拖曳体就可以在挂上渔网前被收离水面。海上的事情往往就是这样，就是只差了那么一点点。

我把手放在绷紧的钢缆上指挥他们点动着绞车，尝试拉紧钢缆并控制好力度，期望拖曳体能离开渔网。我搭在钢缆上的手不断地按动着钢缆感觉力度的大小，时间在一秒一秒地过去，紧绷的钢缆慢慢地有些松了，但拖曳体还是挂在网上并没有松脱下来，这是钢缆在拉着船向后移动。我只能眼睁睁地看着设备就在距离船艉十几米外的海面上与渔网较着劲。这时我扶在钢缆上的手突然感到一下震动，接着就听到他们喊了一声："动了，有点向外滑。"我赶紧跑过去看到拖曳体略微离开了一点，心想有戏。我又让他们点动了几下绞车，钢缆再次被张紧了一点，这十几秒钟像是过了好长时间。拖曳体又动了一下，紧接着它向外一沉滑到了海里。我们慢慢地把 U－Tow 收到甲板上，检查了一下发现设备和传感器一切正常，我悬着的心总算是放下了，这次我们运气很好。

回收声学浮标

可是 CTD 设备就没有这么幸运了。当距离断面的端点还有几个站位时，风开始变得越来越大。首席科学家也在犹豫，假如继续做下去，有可能无法抢在大风前回到福建的沙城锚地；如果直接去锚地，大风过后再回来补测剩余的站位，断面的连续性就要差一些，不仅影响了观测效果，船也要多跑好多弯路。大家讨论后认为还是先顶着风浪做完最后的几个浅水站再去沙城避风。这样尽管辛苦一点，但是好在剩下的几个站位都是浅水，作业比较快，用时不太多。估计我们应该能在大风到来之前，或者刚刚起风时赶到沙城锚地避风。

由于风浪较大，我整个晚上都没有睡觉，每一次观测我都在现场跟着，生怕在坏天气里出现意外情况。一切进行得都很顺利，大家精力集中，准备充分，船舶全力配合，一个站位用不到十分钟就能完成观测。现在还有最后四个观测站，天已开始放亮，距离吃早饭还有两个多小时，气象情况基本上与夜里差不太多。看来早饭过后，我们就能结束全部观测，赶在大风来临之前到沙城小镇避风。

可就在倒数第二个CTD测站时，意外发生了。开始我们进行得很顺利，水深只有七十几米，用不了十分钟就能观测完。就在我们准备回收设备时，突然设备被渔网挂住了。船在风浪中向后缓慢漂移，钢缆立刻被拉得很紧，发出咔咔的声音。张永德马上反推绞车手柄把钢缆向外放出，试图缓解一下被拉得过紧的钢缆。很快滑轮开始偏转向船首一侧，偏转角度越来越大，钢缆在滑轮边上摩擦着发出异常声响。我们在很短的时间里，放出的钢缆已经有水深的几倍，但是紧绷程度仍没有得到明显缓解。这样一直放下去不是个办法，我让他暂时停下来，看看钢缆再次紧绷时设备是否会脱开渔网。

然而当钢缆再次绷紧时，情况并没有好转。不一会儿，钢缆的巨大拉力带着绞车开始倒转，钢缆摩擦着偏转角度很大的滑轮，全部力量压在滑轮的一侧。最糟糕的事情发生了，转眼之间钢缆生生地挤开了滑轮上的防缆跳装置，几乎没有停顿，钢缆就把铝质滑轮轮盘的半边扯得粉碎，碎片随即散落在甲板上。钢缆脱出滑轮后，沿着A架的侧臂滑落下来，重重地落在船帮上，船体也随之一震。船还在慢慢地后退着，钢缆被拉得越来越紧，我们十分清楚地知道，假如此时一旦钢缆断裂，其中的任何一根钢丝都可能伤及到人，甚至是置人于死地。

事后分析数据才发现，在我大声叫喊着让所有的人撤离现场后的第十秒钟，钢缆就断裂了。船把破断力三吨多的CTD铠装电缆拉断，就像扯断一条细线一样。仅一眨眼的工夫,断裂的钢缆就从左舷甩到了右舷,在坚硬的船帮上留下一条深深的勒痕。滑轮破碎时顺着 A 架侧壁滑下来的缆,在 A 架侧壁上留下的印记就像刨床刨过一样,上翘着的钢屑整齐地排列在侧壁的边沿上。整个 CTD 设备连同 LADCP 和 SVP(观测海流和声速的附加设备)一起掉到了海里,损失总价值有一百多万元。

这是一个突发事故,我们只好直接返回沙城锚地。本来是想加快一点作业速度,但事与愿违,反而不得不停了下来。一百多万的设备掉进了海里,在北海分局这还是第一次。首先我们要接受上级检查组的调查,检查组要搞清楚事关项目能够执行与否的重要设备是如何丢失的,是什么原因造成的。我在现场也是当事人之一,又是这次作业的负责人,自然成了调查的重点。其实,在航次中我完全可以不必一夜不休地跟着值班(在航次中我可以不直接参与调查作业),谁也没有安排我这样做,这完全是我自愿的,让所有人离开前甲板也是我说的,放弃继续尝试和努力也是我下的令。事情虽然到了这个地步,可船上不同意这样的说法:"当时船一直在向后移动,在挂上异物后没有采取适当和有效措施,从而使现场作业人员没有了缓解拉力的时间和机会。"对此我没有与船上争执,只是把当时的 GPS 数据记录和按照记录画出的曲线给他们看了。他们看过之后,没有人再继续强调理由了,船的事也就这样对付了过去。

作为当事人还是感受很深刻的。当时我的精力高度集中,根本就没有思考的时间,事发后我所做出的每一个决定完全是本能的反应,当时我甚至对前甲板到底有几个人都没有看清,我的眼睛从没有向周边看过。还是海洋研究所参加调查的人在后面看得更清楚,他们为整个事件提供了完整、全面和准确的描述,"旁观者清"也许就是这个道理吧。

调查组对事件的认定很客观。但对于我来说，整整两天的时间没有睡觉，实在累了也只是趴在桌子上迷糊一会儿，眼睛已经开始充血。一起出海的兄弟们很体谅我，时常过来说几句宽慰的话，冲上一杯浓茶，帮我点上一支烟，唠唠家常，说说开心的事，为我宽心、解闷、消愁。

沙城小镇的美

沙城位于浙江与福建交界处，远离喧闹的城市，是一个典型的海边小镇。距离沙城最近的是福鼎市，去福鼎的陆路是盘山公路，行车要40多分钟。盘山公路一边是山，一边是看不见底的悬崖，我们坐在小面包车里提心吊胆，可司机已经习惯了这样的转来转去，在盘山公路上车速并不慢。也可乘快艇沿河逆流而上，走水路仅需要15分钟。小镇靠海边的地方是狭窄的平地，沿海边一字排开的是新的建筑群，多是新盖的三层小楼。镇上有各式各样的商店，商品也很丰富。从山脚往上几乎都是旧平房，有的房子已近百年。在这里古老的房子与现代建筑只差十几米远，显得泾渭分明。小镇的公用电话亭很有特色，陷入新修的人行道下有半米（道路作了重新规划，但没有抬高电话亭），露出来的部分只有一米二高，打电话的人只好站在电话亭外面。

随着潮水的涨落，码头边上会有一些卖新鲜海货的渔民。这些海货都是他们刚刚从海里打上来的，十分新鲜，但大小不一。我曾见到一只三四斤重的青蟹，这是海与河口两合水里特有的一种螃蟹，我犹豫了好久，终因贵了没买。

沙城的老房子建在陡峭的山坡上。我第一次到这里时，看到从山上沿着小路向下有很多小手指粗的塑料软管，遍布各处，像蜘蛛网一样地散开，有些管子直接通到老屋子里。打听后才知道，管子连着山上的水池,山泉水会沿着管子自上而下流到各家各户,是这里土造的自来水管网,家家户户洗涤用水就来自这里,但是并不食用这些水。

在去山顶的路上我们经常看到上山担水的人,当地人吃的水就来自这样的地方——他们在凹进去的山体里修建一个密闭的水池,从水池里伸出来的水管有粗有细,管子上没有水龙头,是用木头塞子堵住管子的出口。水多时来接水的人会拔开上面粗管的木塞,水少时拔开下面细管的木塞,接完水后再堵上木塞,这已约定俗成,人人自觉遵守。涨水季节最上面的粗管会一直流出水来,以免把水池涨坏。这样的水池在山上有好几处。

沿着陡峭山坡的一层层老房子像是"梯田",最上面是一座白色欧式风格的建筑,这是一座天主教堂。教堂的后面是高高的山顶,山顶最高处是部队驻地。有一年我们避风时正好赶上圣诞夜,在海上远远地看去,这个白色建筑是整个山城小镇最显眼的地方。教堂灯火通明,还不断地放着鞭炮。这是一个已经中式化了的教堂,他们用中国春节的鞭炮加上西式的钟声一起过圣诞节。

山上还有很多佛教的寺庙,不过我没有见到道教寺庙。据当地人说,从沙城到福鼎市有大小近百座寺庙。在沙城的山上我们步行几十分钟就看到了四座寺庙,而且每座寺庙的香火都很旺,即使是海湾中间那个没有居民的孤岛上也有僧人和寺庙。当我们路过其中一个寺庙时,看到里面有好多人正在一个临时搭建的棚子里准备各式各样的食品,我们感到很好奇。问后得知这是为明天庆祝一个神仙的生日做准备,他们还十分热情地邀请我们来。第二天我们抱着好奇的心态去了寺庙,仪式很热闹,说和唱都是用的当地话,我们完全听不懂,只能站在边上看热闹。仪式过后,我们被邀请就餐,并被单独安排到一个八仙桌,上来的菜品有"鸡"、"鸭"、"鱼"、"肉",还有好多"海货",比如"海螺肉"。这些食品都是用豆腐或面筋等制成的素食,很好吃,这让我们有了一次全新的体验。尽管他们没提钱的事，我们还是主动留给了主持两百元。

沙城海湾里的网箱养殖区

站在山顶上俯视整个小镇，有大片养鱼网箱整齐地排列在海湾里。每个网箱群中都有一座小房子，住着看网箱的人，有的甚至是一家人。海湾中网箱的面积比小镇还大。这里出产人工养殖的美国虹鳟鱼，据说这些活鱼覆盖了北方很大的市场，青岛和大连的餐馆里活的虹鳟鱼也是从这里运去的。可在当地的大小餐馆里，我们却从未见到这种鱼，当地人只吃从海里捕到的野生鱼。后山也有一个很大的海湾，由于水浅，退潮后整个海湾里几乎全部都是露出来的紫菜架子，一排一排地布满了整个海湾。山坡上遍地都是晾晒紫菜的竹制架子，上面覆盖一层深色的紫菜，就像是一张张黑色的门板。山坡上还有几个很大的草棚，一层一层地可以摆放很多晾晒紫菜的架子，供阴雨天时晾晒紫菜。

说沙城是浙江与福建的交界，是因为小镇后山上有一棵大榕树，边上有一座古老的小亭子，亭子边上有一块很久以前的界碑，界碑南面是福建，北面是浙江。旁边还有一个卖茶水的小摊，摊主人一边卖茶水饮料,一边干活儿。一个大箩筐里有数百个一次性打火机的压电陶瓷组件,摊主手持自制的专用工具一个一个地装配着,速度快到几乎看不出她是怎样把压电陶瓷装进去的。她说:"每装一个可以挣一分多钱,每天可以装配几百个组件。"当然她为此也要将同一个动作重复几百次。我们在山上转了一大圈走得很累,我的鞋底磨出了一个洞导致走路很困难,回到海边时我们找了几家鞋店,可是都没有 43 号的男鞋,在这里42 几乎是最大的鞋号。后来我们好不容易才找到一家有大码的鞋店,尽管鞋的样子有些别扭,但总算是有了鞋穿。

沙城的大榕树

"西北太平洋海洋环境调查"的地质调查航次我没有参加,原因是我又要承担一项新任务,而且是我从没有接触过的事情:我要去监造一条近海海洋调查船——"海勘 08"号。尽管当时我是环海院的副院长,负责院里的调查业务,但更多的时候我更像是一名"消防队员",经常做一些救急的事情,比如编制一个谁也没有编写过的报告,尽管随后经过其他人的改进会更好,可经常是由我先做一个模板出来。当然我自己也愿意做有挑战性的事,用现在的话说是"很有成就感",其实我当时只是当成了己任而已。

当"消防队员"让我体会到，很多当初看似很重要的东西，后来再看时并不算什么，都是些过眼烟云。我总这样认为：人不要有那么多的小算计。小算计多了，虽然一时得利，一时得势，最终还是耽误自己。人最难的是战胜自我，敢于向自我挑战，而不是所谓的"对手"。

人应该自觉地用信仰来约束自我，不能昧着自己的良心做事，要给自己的良心设一条不可逾越的底线。人应该有智慧，有悟性，有做人的良心；人应该有敬畏之心，敬人，敬事，敬天。

监造海洋调查船

北海分局环海院在初步完成了艰难的原始积累后,要提高勘察作业技术水平、增强市场竞争实力,仅靠租用渔船来进行海洋调查作业是难以实现的,于是院里决定集资建造一艘较为先进的近海海洋调查船。

"不打不成交"

从英国的"挑战号"海洋调查船投入使用以后,现代海洋调查就没有离开过海洋调查船。尽管现在已经发展出了更多的运载器,可是海洋调查船一直以来仍然是海洋调查最主要的运载体和常用观测作业平台。一个国家海洋调查的实力与其所拥有的海洋调查船的数量、质量、技术装备和作业能力有着直接的关系,海洋调查船尤其是远洋深海调查船在一定程度上体现着一个国家海洋调查的综合技术实力,从一个侧面反映了一个国家的海洋研究水平。

北海分局环海院在初步完成了艰难的原始积累后,要提高勘察作业技术水平、增强市场竞争实力,仅靠租用渔船来进行海洋调查作业是难以实现的,于是院里决定集资建造一艘较为先进的近海海洋调查船。大家的热情很高,很快院里就完成了集资。为了加快进度,也为了节省经费,我们选择了位于石岛的荣成船厂。这是一个以建造渔船为主的老牌船厂,几乎每周都有新的渔船下水,有时一周有好几对新船下水。船厂十分重视"海勘 08"船的建造,不仅承担了设计工作,还指派一名副厂长专门负责该船的建造。

当我第一次见到船的设计图纸时,无论怎么看都不像是一艘海洋调查船,却像是一艘改进后的渔船。由于环海院人手紧张,整条船的监造由我和曹官庆两个人负责。曹工侧重船体、主副机、管路、推进、驾驶室和机舱控制等方面,我侧重调查设备安装,实验室、船舶通讯导航设备和全船舾装,其余的事情我们俩商量着办。初到船厂,我们就领略了胶东喝酒的热情,他们喝白酒用大杯,叫"一炮",一斤酒只能倒三杯,一般情况下要喝上"两炮"。我们来到船厂的前两周主要是讨论设计中存在的一些问题,有大的问题,也有细节问题。我们想让这条船建造得更像是一条专门设计的海洋调查船。

厂里不了解海洋调查船的特点,对一些特定要求也了解得不多,对海洋调查的作业方式更是知之甚少,所以与对方交流起来有一些障碍。我常要描述调查作业和调查船的特定要求,描述海洋调查船的用途,解释调查作业是如何进行的,说明为什么要有那些不同于渔船的结构和建造要求。技术副厂长是一个很聪明的人,很快就理解了我对海洋调查的零碎描述,我们之间的沟通逐渐变得容易起来。船厂的技术总管毕总工是"海勘 08"船的主要设计者之一,他对我们提出的一些设计改动,尤其是可能会涉及或影响船舶性能的,会增加建造难度、增加生产成本,特别是影响生产工期的要求、改动和建议总是保持着警惕。他常会对我们的建议和要求提出异议,不愿意进行设计方面的修改。在前面两个多星期里,几乎每天我们都有一些意见分歧,甚至是争执和争论。

有一次我们为了下层住舱逃生通道的布设问题争执得很厉害。毕总工非常关注这艘船的每一个技术细节,甚至是船的外观视觉效果和美观程度,他把这艘船当成自己的孩子一样来对待。但是,由于他和我们在海洋调查的理解上存在差异,他不同意我们提出的对逃生通道的修改意见。我们都不肯让步,几乎到了僵持不下的局面。凡到这时,技术副厂长和生产副厂长就会出面调解,而且每一次都很有效,争执化解以后,我们就会一起去喝酒。两三周过后,双方在争执中逐渐达成了比较一致的意见,敲定了原设计图纸中几乎所有需要改动和调整的地方。尽管在这个过程中我们争执过,甚至争吵过,可恰恰是经过了这样一个过程,我们建立起了相互间的理解与信任,成了好朋友,真是"不打不成交"。

监造"海勘08"船

造船是从龙骨开始的。一到石岛,曹工就去买了两面小镜子,起初我并不知道它是做什么用,问过曹工后才知道,很多船体部件的焊接是在车间里制作完成,然后再在船台上焊接起来,这样有些背面的焊缝只能靠镜子才能看到。所以小镜子和手电筒就成了我们两个人在监造初期的必备装备。

施工阶段我和曹工交替着去石岛,多是搭乘从青岛到石岛的长途汽车。说来也怪，那个夏天石岛的雨水比往常要多，厂里的电焊工们都盼着下雨，因为一下雨就不能动焊（防止漏电伤人），他们就可以休息了。工厂里原本没有休工日，全年开工，当然大家是轮休的。每次我去石岛的第二天几乎都会下雨，生产厂长开玩笑地说："你有什么不放心的？下次别来了，你一来就下雨，让我没有办法保证工期，到时候交不了船就是因为你带来了雨。"对于下雨这样很平常的事，工人和厂长的感受竟是如此截然不同。

　　石岛是我国长江以北最大的一个北方渔港，距离荣成县城很近。可是石岛人管县城不叫荣成，而是叫作"崖头"，因为县城的所在地叫崖头，又因为同属一地，所以当地人习惯了这个称谓。夏季是禁渔期，渔船都回到港里整修等待着开海①，石岛湾里停了成百上千条渔船。开海的前几天，只有三条马路的石岛开始热闹起来，到处是准备出海的渔民，他们忙着整理网具，采购生活用品。开海的前一天，每条渔船都忙着加油、加水、加冰。我们住在船厂招待所，站在三楼平台上整个石岛湾尽收眼底。开海的那天晚上，整个海湾灯火通明，比平常要亮很多，到了十点多钟渔船陆续开始发动起来。开始我还可以分辨出发动机的声响，当数百条船都发动起来以后，只能听到一起一伏低沉的嗡嗡声。我站在平台上看着海湾里的渔船，每条渔船的桅杆上都亮着灯，耳边是嗡嗡的发动机声，很震撼。至零点，嗡嗡声突然加大，在巨大的声响里渔船驶出湾口，像万箭齐发。

　　原来铺满海湾的一大片灯光，现在开始慢慢地拉成了一条湾口宽的移动光带。渔船很有秩序地排队驶出湾口，光带在湾口外面缓慢地散开，数百条渔船形成的光影像一个巨大的沙漏流向大海，带着渔民们丰收的期望渐渐远去。场面蔚为壮观，美国大片也比不了。当我们第

---

　　①　禁渔期结束后第一天的零点，渔民称之为开海。

二天早上起来时,原本占满了整个港湾、红旗招展的渔船群已经不见了踪影,海湾里只剩下寥寥无几几条小渔船。

造船进展得很顺利,分段建造的船体开始在船台上合拢。不久上层建筑也吊上去开始焊接,很快船的雏形呈现出来了。这时我们与厂里又因为驾驶室的外观出现了意见分歧。按照原来的设计,驾驶室的外形几乎就是渔船的翻版,曹工感到太丑,建议改动一下驾驶室的外形。这仅是外观上的改动,并不涉及驾驶室内部结构,我们估计不会有什么问题。但由于审美上的差异,船厂设计部门还是更习惯于渔船的样子,他们难以想象按我们的建议改了以后是否好看。我们拿去一些调查船驾驶室的照片让他们参考,又反复讨论了几次,最终船厂设计部门还是部分采纳了我们的建议,采取了折中方案。现在我们与船厂已经能很好地沟通了,解决争执和分歧要比刚来时容易。

分段建造中的"海勘 08"船

渔船的油漆处理比较简单,而现在按照曹工的要求,"海勘 08"整个船体要打磨得一点锈迹也没有,然后才能喷涂油漆。这是船厂工人们第一次遇到这样的高要求,开始时有些不适应,在我和曹工的严格监理下,他们把整条船打磨得铮明瓦亮。喷完油漆后,车间主任也承认,不光是油漆好,搭上了工夫后效果就是不一样。其实,中国制造并不差,只是在工艺和质量标准上还有很多事需要好好地去做。

"海勘 08"船

船舶试航前,船长、老轨和部分船员已经到位,驻厂监造的人一下多了起来,我和曹工也轻松了许多,不必天天去建造工地了。甲板上面安装的钻机算是这条船最大、最重的调查设备,为了配合打钻还需要安装四个绞盘和前后两对大锚。在安装钻机时,厂里把总重 20 多吨的钻机和锚机以及每一个相关部件都称量了一遍,然后才开始安装到位,可见毕总工这些老技术人员工作上的细致和对自己设计的严格要求。

"海勘 08"船试航时已近秋天,试航还算顺利,基本上达到了设计指标。秋天是打鱼的好时节,海湾里到处都是进进出出的渔船,一条渔船在倒船时撞到了新船上,尽管没有什么大碍,但船体还是凹下去一处。最后一次试航包含调查设备的试验。试航前需要加上一些柴油,当时我只让他们加了少量柴油,打算在出厂时再加满。可试航几天回来,油价飞涨,以至于在石岛已经买不到油料了,我们只好从青岛拉来些柴油。

一条新"厂规"

造船甚至是修船都会有加减账的情况,每到船出厂结算时都可能出现争执,这是常有的事。在我们讨论工程结算前,技术副厂长公布了一个"约定":"自己管束自己的人,谈加减账时只摆事实讲道理,不许发火拍桌子瞪眼睛。否则,违反的一方,每违反一次,代价是一万元。船东发火加账给船厂,反之减账给船东。"说完后他又补充了一句:"如果大家同意,就拍手通过,即刻生效。"

尽管这个"约定"带有玩笑的成分,但说明甲乙双方现在已经相处得很融洽了。开始时双方还是有些拘束,随着讨论的顺利进行,双方开诚布公地发表各自的看法,在相互理解和"友好"的气氛中,我们仅用了一个上午就确定了结算清单。事后,技术副厂长在喝酒时开玩笑道:"这个办法好啊,大家都少着急上火,和气才能生财,我要把这个'发明'定为一个新'厂规',以后都照此办理了。"

终于环海院有了属于自己的近海海洋调查船。北海分局是国家海洋局在北海区的海洋行政主管部门,是众多中央驻青岛直属机构中的一员,行政管理职能使其在不规范的市场中有了一定的竞争力度。在"海勘08"船监造期间,我开始参与"大洋一号"船新购多波束①的事情,后来主持了新购多波束的安装和老多波束的拆除,开始与中国大洋协会办公室有了接触。

---

① 固定安装在船上,用几十到几百个狭窄的声波束,测量数倍于水深宽度的海底地形深度的设备。

什么让我们走偏了路

我参加过 1994 年"向阳红 09"船大洋资源勘察航次,对大洋深海资源勘察作业和技术装备并不十分陌生,可真正开始实质性地参与大洋深海资源勘察是在 2004 年。大洋深海资源勘察无论在船舶、技术装备、作业技术以及组织运行方面都可堪称我国远洋调查的一面旗帜,尤其在技术装备和调查设备配置方面更是我国远洋科学考察船的模板和标杆。远洋和深海资源勘察也被形象地称为"蓝色圈地",并早已在世界各大洋海域悄然展开。对深海资源的争夺,说到底是一个国家海洋调查技术实力的竞争,是海洋调查船、海洋调查装备技术水平和调查作业能力的竞争,是海洋人才的竞争,是综合国力的竞争。

赵进平老师在谈到我国海洋技术装备时,这样写道:在被帝国主义封锁的年代,我国自力更生发展了一些海洋调查仪器,初步形成了自己的海洋调查技术装备体系。20 世纪 70 年代以前的海洋观测设备是国产仪器一统天下,我国研制的不少调查仪器设备质量可靠,使用方便,成为那个年代我国海洋调查的"主力军"。然而我们与国外技术的差距越来越大,到了 80 年代初,国外已经用上温盐深剖面仪,而我们还在使用颠倒采水器和颠倒温度表;国外已经用上数字记录的海流计、水位计、波浪仪,我们还在使用印刷海流计、直读海流计、测波浮筒。国产海洋观测设备生产厂家也成为改革开放后受冲击而首批倒闭的产业,与纺织、电子、汽车、医药一起进入了发展的艰难时期。从 80 年代开始,我国开展了一些海洋方面的中外合作考察。在合作伊始我们就发现我国的仪器太落后,所测得数据与国际上的海洋观测数据格式不能兼容,在国际合作中几乎不能被直接采用。那时购买进口仪器很困难,国外仪器设备便成了我们的"宝贝"，在国际合作项目中我们出船、出燃料、出人、出力，而对方也就是提供几件我们没有的仪器设备，尽管仪器设备最后留给了我们，可他们也卷走了我们全部的观测数据。

我认为可以这样说，是中外合作海洋科考，开启了我国进口高端海洋调查设备的大门。改革开放带动了我国海洋调查设备进口的步伐，发展低迷的国产海洋调查设备和价值取向的扭曲让中国成了国外仪器的大市场。随着海洋调查进口仪器设备的普及和大量引进，以及调查设备的快速更新换代，为海洋调查的观测方式、方法带来了很多变化，有些甚至是巨变。先进设备的记录能力和记录数据量的大幅度提升与我国的《海洋调查规范》产生了明显的冲突，《规范》越来越不能很好地起到规范和指导的作用，自行建立的各类设备观测记录又给数据交换带来了很大的障碍。然而《规范》的修订依然是进展缓慢，数据交换和数据共享如同一潭死水。

在这个时期，常规断面调查数据也开始使用计算机处理，但是报表还要按照《规范》中的要求手工抄写一遍，纸质记录与计算机磁盘并存了好长一段时间。《规范》的滞后带来了一系列的问题，直到2000年以后这种情况才初步得到解决。通常《规范》滞后于发展和进步是常见的情况，但是长时间地滞后反映出我们对于费时费力又没有显示度的基础性工作关注得不够，也反映出一种浮躁的心态在滋生蔓延。在改革开放中同期受到冲击的国内生产行业如纺织、电子、汽车、医药等开始慢慢复苏以后，尽管国家加大了对国产海洋观测设备的投入力度，在"863"计划海洋技术领域投入了数以千万的资金，全国各类研究所、大学、国企争相研发海洋调查设备，但最终起色并不大，所谓"高、精、尖"的"创新"不少，能够投入使用的却不多，形成作业能力和产业化的更是凤毛麟角。

实际情况是，进口调查设备仍旧是我们的主要选择，仍旧是我们近海和远海海洋调查的主导仪器设备,外国海洋设备公司仍旧在不遗余力地瓜分着和占据着我国广大淡水和海水的观测设备市场。那些从温室里培养出的"花"只是好看,似乎很有"学问",但屡试屡败,虽屡败屡试,但终经不起大风大浪的考验。当一个技术领域失去了广大民众和企业的积极参与,做出来的只能是"怪胎"和"畸形儿",只能是离开展览室就进了垃圾箱。

中国海洋调查设备的发展,还要走很长的路,不存在跳跃式发展。我们只能是脚踏实地一步一步地走。

造船容易,造好船难

现在,我们不用费很大力气就能建造一条海洋调查船,与当年我国第一次建造"向阳红"系列调查船相比已经是不可同日而语了。但多年来我们在建造海洋调查船舶时,总是要强调"综合"二字,希望一条调查船能做所有想做的事情,既要能进行水体调查,也要能进行地质勘探,还能执行环境监测,甚至是完成海监巡航执法任务;既能进行深海观测,浅水区的测量精度也要高。实际上是这是不行的,有些甚至是矛盾的。我们在理念上很不成熟,却在使劲强调高技术装备,以为把好设备集中在一条船上就能造出一条顶级的海洋调查船。

"大洋一号"船的前身是苏联的"地质学家彼得安德罗波夫号",仅从名称就可以知道这是一条专业的海洋地质调查船。而我们在建造海洋调查船时,总是忽视或忘记了建造这条船的重点到底应该是什么,该放弃和弱化哪些功能,如何做到"有所为,有所不为",这就难怪我们现在有些船是"四不像"了。我们在目的不是十分明确的情况下,建造了技术装备含量低的海监船,也正在计划建造真正的远洋科学调查船。

似乎只要世界上有了一种新的船型,就很可能引发我们跟着建造的冲动,而不是向更深的层次探究,这似乎成了一种"规律"。

海洋调查船有其特殊性,但是说到底海洋调查船就是一个运载体,一个平台。然而至今我们都没有好好去研究它,对它的一些特点虽有所了解,但是很不完整,更不全面,也不系统。我们还没有形成自己对海洋调查船的主张,还没有形成自己的一套思路和方法。这不仅仅是一个技术问题,在建造海洋调查船方面,我们没有注入东方智慧和民族文化,没有自己的理念。

我们一直在研发国产设备,为此研究所和大学努力了很多年,国家动用了大量的资金试图提升我们的海洋调查设备研发、制作能力,但进展缓慢。海洋仪器设备的长期落后与我们在发展海洋技术装备中不适当的激励机制有关。"激励机制"使得我们的科学家越来越像"工程师",不是在提出新的科学问题和调查作业需求,而是纷纷从事装备研发;也使得海洋业的官员越来越像"科学家",不断进行着"科学判断"和"推理",引领海洋科学技术的发展方向。同时,也让工程师们越来越像"民工",不知疲倦地战斗在海上一线,检修设备成了他们的主业,却没有时间进行技术研发。

而我们的海洋调查队伍则长期得不到补充渐渐老龄化,有作业经验的人越来越少,而且没有人把海洋调查当学问去做。假如再继续这样下去,海洋调查和国产海洋调查设备的发展堪忧。

大洋深海资源勘察

作为海洋调查的从业者，我们应该给后人留下些什么
呢？不是成绩，不是辉煌，更不是金钱，而是精神和文化。
我们该静下心来，仔细想想，好好地掂量一下我们曾经所做
过的一切。

一次集体测试

"大洋一号"船于 2005 年 4 月 2 日上午 10 时，在北海分局青岛团
岛码头起航，这一年正好是郑和下西洋 600 周年。这次环球科考是我
国海洋界第一次在三个大洋里进行的具有实际意义的科考活动，实现
了海洋人多年以来进军三大洋的夙愿。而我能够参与大洋环球科考竟
是缘于一场特殊的集体测试。

早在 1994 年以前,在我国大洋资源勘察的起步阶段,"海洋 4"号船和"向阳红 16"号船是两条主力作业船舶。"向阳红 16"号船在东海意外沉没后,只有"海洋 4"号船继续艰难地承担着大洋深海资源勘察工作。为摆脱这种被动局面,中国大洋协会办公室从苏联购置了"地质学家彼得安德罗波夫"号海洋调查船,也就是今天的"大洋一号"船。它与"海洋 4"号同期安装了当时先进的深水多波束,在使用了近十年后,"大洋一号"船的多波束设备技术性能明显下降(当时"海洋 4"号还在继续使用),严重影响了大洋勘察作业效率和资料质量。于是大洋协会办公室决定购置新的深水多波束以更新老的多波束系统。

　　深海多波束地形探测设备属于远洋海洋调查船的必备装备,是安装在船底的大型调查设备,发射和接收换能器有 6～7 米长,两吨多重,安装精度要求高,各方向的偏差必须控制在 1.0 度以内,同时还涉及船舱内的一系列改建工程。谁来负责设备安装工作,大洋协会办公室选定了北海分局,而北海分局决定由我负责这项工作。这并不是因为我安装过"青渔科 08"和"海勘 08"两条船的小型多波束,而是有另外一个更为重要的原因。

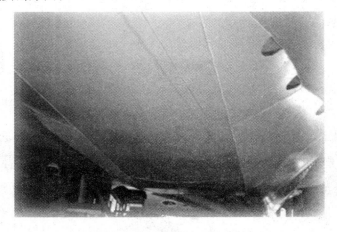

安装在船底的多波束换能器阵

多年以来,"大洋一号"船由北海分局代管,但并不包括船上调查设备的管理。经过好长一段时间的运行后,事实证明完全参照商船的运行模式去管理安装着高技术设备的远洋调查船并不合适。2002年"大洋一号"船进行了重大技术改装,增加了很多新的技术装备,但在随后的调查作业航次中,新装设备多次出现故障,技术状况很差。这种局面使大洋协会办公室意识到需要加强调查设备管理与维护,需要推进航次技术保障工作,这是保障航次正常运行最为基本的前提。

要提高大洋船的作业能力,船舶很重要,但是没有好用的调查设备同样也是不行的。保障好这些贵重而复杂的调查设备,需要从组织结构上作出重大调整,需要有一支技术过硬的装备保障队伍,有一支能够承担一线调查作业的主力军。在"大洋一号"船的重大技术改装中,船舶管理方所处的尴尬局面也同样促使北海分局反思自身在大洋勘察中所应起到的作用。

在评估北海分局在大洋资源勘察工作中应占有的份额后,上级决定成立北海分局大洋调查设备技术管理中心(简称大洋技术中心),以更多地参与大洋工作和现场调查作业,保障调查和调查辅助装备的正常运行。也就是说,北海分局不仅要代管"大洋一号"船,同时也要承担调查设备管理和调查设备技术保障等基础性工作,改变原来所处的不利局面。于是安装多波束在一定意义上就成了大洋协会办公室对北海分局组织能力的一次测试,也是对即将组建的队伍的技术实力的一次测试,尽管这个测试是一个价值两千多万的设备安装工作。在做出其他选择同样具有风险的情况下,大洋协会办公室最终还是选择了北海分局,而即将组建的大洋技术中心有幸成为被测试对象的实体。

按照安排,我和北海分局科技处的康川负责多波束安装工程。康川,身体健壮,精力旺盛,思维敏捷,悟性极高,勤奋好学,性格开朗,喝酒实在,为人正直,技术精湛,处事老练,就是这样一个十分完美的男人成了我多年的好朋友。我们合作过很多次,从他身上我也学到了很多。拟安装的多波束是国内第二台大型深水多波束地形探测设备,前一艘船的安装方式并不太适合"大洋一号"船,环海研究院小船的安装方式根本就用不上。换言之,在"大洋一号"船上安装多波束我们必须从头开始。一切对于我们都是全新的。

无知者无畏

当时"大洋一号"船刚刚完成了为期一年耗资巨大的重大技术改造,但遗留的问题也不少。船底下安装了好多种声学调查设备,可没人能说清楚设备安装参照的基准面和基准线在哪里。几个独立安装的声学设备使大洋船底高低不平,凹凸加大了船体的噪声,几乎达到设备能够承受的上限。如何处理这些遗留问题是我们首先遇到的一大难题,也是我们必须面对和解决的主要问题之一。经过几次仔细讨论,听取多方意见和认真思考后,我们做出了一个极为大胆的决定。这个决定简单地说就是:推倒,重来。

尽管这次任务的本身仅是安装新购置的多波束设备。但考虑整流罩的整体效果,我们还是决定把以前安装的设备全部统一到一个基准面上,用一个完整的整流罩消除船底凹凸不平的现状,达到降低噪声的目标。因为,对于海洋调查船来说其噪声水平的高低,直接影响到所有安装在船底下声学调查设备的性能,这是海洋调查船一个很特殊的要求。做出上述决定就意味着周边三台设备也要随之改动、移位并重新进行安装。原来安装一台多波束的工程,现在变成了要安装四台调查设备和一台船用设备。

我们把这个决定一提出来,马上就引来了一些人的质疑。尽管这是我们预料之中的事情,但解释起来还是十分吃力。这倒不是因为我们解释不通或是说不清楚为什么要这样做,而是冲击了不顾整体布局,各自为战的局面,尽管他们也清楚凹凸不平不是一个好布局。

我和康川做事有一个相同之处,就是要有担当,要对得起自己的良心。在我们一再执着的坚持下,最后还是按照我们的技术方案实施了。

近二十几天里,我记不清有多少次因为没有时间回家而在船上过夜。那是"五一"节前后,天气还不是太热,在船坞里船底距离地面只有几十厘米,我们要躺在地上干活。测量是安装多波束设备的一项重要工作,我的同事老宋和小石都是行家里手,互相配合得很好。他们很快完成了测量准备,在船坞和船的几个不同位置做好了最后测量用的引点。

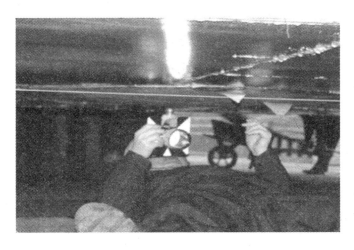

工作人员躺在船底下测量多波束安装精度

设备供应厂家来的两位挪威工程师很古板,像德国人一样做事极其认真,时间观念很强。在我们双方沟通了安装技术方案以后,他们信不过我们的测量方法,坚持要用仪器测量,这将耗费很多时间。

工程要按期完成就必须控制好进度,为此在如何进行测量上我们没有少跟老外争执,反复地说明在船底狭窄的空间里使用仪器可能不比人工测量精度高的理由,并解释为什么船厂工人们采用"土法"测量精度并不差的道理。可我们不能仅是说说,而是要把这种既省时又省力,还能保证测量精度的简便方法证明给他们看。最后挪威工程师勉强答应可以试一下。当他们对比着我们用"土法"测出的数据,看到这种既快又方便的测量方法,知道这样并不比用仪器测量精度低时,也就放弃了他们的坚持。

这个结果让我们十分高兴。换言之,这样我们就可以大幅度加快工程进度,如期完工。在交谈中我问挪威工程师:"两只手可以数多少个数?"他们很干脆地回答:"十个。"我说:"不对,应该是两打多,可数三十个。"看着他们奇异的目光,我接着说:"每一个手指上有三个关节,四个手指就是十二个,再加上拇指和手掌,一只手可计十五个数,两只手就是三十个数,这是我们的计数方法。中国人很智慧,有句老话:三个臭皮匠赛过一个诸葛亮。智慧往往来自民众,也就是来自这些干活的工人师傅们。"

挪威工程师很喜欢吃饺子,在北方吃饺子很方便,也是最省时间的。开始几天我们每天都带他们去饺子店吃饺子,而且每次都让他们吃不重样的。可他们吃了一个多星期后也吃够了,主动要求换换口味。在船上吃过几天后,我们带他们去船厂边上的川菜馆,别看他们人高马大的,我发现他们并不能吃辣。

很快前期准备工作接近收尾,他们很仔细地验证了换能器内支架的安装精度,这次他们已不再非要用仪器测了,在用仪器校准绷紧的钢丝后,他们采用了我们推荐的"土"办法。为了保障精度,测量工作都是在太阳落山后进行。挪威工程师很敬业,就是测到半夜也要现场计算出结果,一天的工作一定要当天完成。我们现在与他们已经磨合得好多了,不再有争吵,遇事一起商量解决的办法,干起活儿来比开始时顺当了好多。

安装换能器是坞内工程的最后一步，也是最重要和关键的一步。在安装换能器的前一个晚上，我们为安装换能器的内支架找平，要在各个方向上达到小于 1.0 度的安装精度要求。为此我们一次又一次反复地调整每一颗紧固螺栓的垫片，拆下来又重新装回去了好几次。挪威工程师每次都要求把近 8 米长的内支架全部拆下来，并根据测量数据计算出新的垫片厚度，重新调整每一组垫片然后重新安装回去，并再次进行测量。协助他们拧螺丝的工人一次又一次地重复着。

在经过几次重复拆装后，工人们已经很不耐烦了。我们只好借挪威工程师计算和调整垫片时，先设法支开船厂总管和安全员，然后给工人递烟，解释这样做的必要性。几次过后船厂的总管也心领神会，时常领着安全员上去喝水。就这样我们一直干到下半夜，支架总算固定好了。老外看着测量数据很满意地离开工地了，今晚他们要好好休息一下，轮到他们出大力的活儿明天就要开始了。

多波束的换能器分为几十个小块，每块有几十公斤重，加在一起总重量有两吨多，挪威工程师非要自己动手安装。安装准备全部到位后，挪威工程师躺在地上，面对支架，让工人将一块换能器放在自己的肚子上，然后双手举起对准位置，再让工人用扭力扳手①拧紧。他们两个人轮流进行，用了 6～7 个小时才安装完换能器。开始时他们的体力还好，后来交换得越来越频繁，累得他们从船底下出来后一直在抖动双臂。我们想帮忙，可他们就是不让，因为这是安装的最关键步骤，他们一定要亲自干。当最后一块换能器顺利安装完成已是下半夜了。

送走了挪威工程师，我们的兴奋劲还没有过去，也不感觉困乏，一起去了船厂门口边上的小酒馆喝酒。因为船厂有夜班，天气也暖起来

---

① 一种可以调节力度的扭紧螺栓的特制扳手。

了,每天酒馆都要开到下半夜,我们几个如释重负的人开怀畅饮,喝完酒时东方已经微亮。出坞以后的工程相对简单一些,因为我们开始设计得很仔细,每一个细节都考虑到了,后面没有遇到施工障碍,工程虽然紧张但很流畅。多波束设备的码头测试也很顺利,其他被改动后又重新安装回去的调查设备也检测正常,下一步就等着进行海上试验了。

作者在多波束安装码头验收签字

地形到底该是什么样

多波束海上试验在南海深水区进行。由于设备安装得比较顺利,所以海上试验工作一直进展得很顺,很快就完成了多项测试。海上实际测量表明,船的整体噪声下降了十几个分贝。船底噪声的大幅度降低是我们预料之外的结果。

一般情况下,一个定型的船舶船体噪声经过改进如果能够降低三四个分贝,就已经是很了不起的事了。这只能说明原来凹凸不平时产生的噪声太大了,也说明俄罗斯在造船方面确实很有造诣。因为船体噪声控制是一个很难解决的问题,降低噪声和防止震动需要长期实践经验的积累,需要认真切实地总结,不是看看书本上的公式,靠计算机计算一下就能解决的。这让我更加体会到:其实很多工程问题与海洋中的许多问题有很类似的地方,你只能知道其变化的趋势和发展的方向,而结果却是难以估计(或推测)的,更是计算不出来的,只能靠实测来确定。

为了证实多波束设备的观测效果,我们在一个已经测量过的海域内进行了反复的试验测试。按照已知的图件,这里的海底有大小两个山头和一个陡峭的台地,深水处是一个较大的海底平原,这种地形比较适合检测多波束的观测效果。船舶在这个区域用不同的船速,从不同的方位来回跑了几次,检验在不同航速等情况下多波束的观测性能和效果。很快我们就发现,多波束探测结果与已知地形有些地方存在明显的不同,因为我们只测量到一个山头,并没测量到已知图件上另外一个小山头。为此,我们从不同的方位反反复复进行了好几次测量,可是结果都是一样的。这让我们很为难,要么是新的多波束设备有问题,要么是已知的图件有错误。尽管后来并没有去深究,但是大家的心里都明白,在大洋的很多探测区域中也可能存在类似的情况。难道这该归罪于设备吗?我觉得似乎不能。设备从来是不讲情面的,尽管设备也会有出错的时候,但是说到底观测结果是对还是错,都是由人来判断的。

尽管在海试中有一点小插曲,但挪威工程师认为多波束的安装精度完全满足了技术要求,这也让我们悬着的心彻底放下了。“大洋一号”船多波束安装工期比第一台同类设备的安装时间缩短了一半多,这个记录一直保持了很长一段时间,直到六七年后我开始写这本自述时,这个记录还没有被打破。尽管北海分局为了这项安装工程从几个单位汇集了二十几名不同专业技术的工作人员,但这样的安装速度和效果,在一开始时我们并不敢想。通过本次安装工程,北海分局也初步选定了组建大洋技术中心的人选。

在安装工作结束后,大洋协会办公室装备处邬常斌处长说了一句意味深长的话:"无知者无畏。"在好多年之后,我才开始慢慢地理解了这句话的深刻内涵。

为出海的男人送行

北海分局大洋技术中心成立之初只有九个人,八男一女,分别来自北海分局的三个基层单位。他们分别是:来自机关科技处的康川任书记;来自北海监测中心的张洪欣、张永德;来自中国海监第一支队的崔运璐、马训辉、孙元宏、袁丽萍;来自北海分局环海海洋工程勘察研究院的我和黄云明。大洋技术中心成立的日子是那一年的"三八"妇女节,成立仪式在北海分局六楼会议室举行,时任中国大洋协会办公室的主任张利民来青岛为"大洋调查设备技术管理中心"成立揭牌,仪式简短而热烈。

首次大洋环球科学考察横跨太平洋、大西洋、印度洋三大洋,完成了三大洋的勘察作业任务,航程43230海里,历时297天,实现了我国大洋资源勘察从单一的多金属结核资源调查,向深海资源、深海环境与科学研究相结合的综合性科学考察的实质性转变,初步圈出富钴结壳的富矿区;在多金属结核合同区开展了环境基线调查和多金属结核详查;在硫化物新资源勘探方面也取得了不小的进展,采集了大量的微生物、大型生物、沉积物和热液喷口的照片、录像和样品。本次考察还大量采用了我国自主研制的深海探测和取样设备。

首次大洋环球考察是在我国大洋科学考察和深海科学考察史上具

有里程碑意义的事件,拉开了我国大洋深海资源勘察、深海科学研究、生物基因研究和深海环境研究以及后来"大洋一号"船频繁环球科考的序幕。央视直播了首次大洋环球科学考察起航仪式,这是以往大洋航次起航从没有过的欢送仪式,地方电视台、广播电台和报纸等各类媒体纷纷采访报道,刚刚成立的大洋技术中心也自然成了采访的对象。

"大洋一号"船起航

起航前,《青岛早报》的于小阳记者与我约稿,希望我能在航次中写一些反映海洋调查队员在海上工作和生活的稿子,介绍一点神秘的深海和大洋勘察工作情景,并回答一些青岛市民提出的问题和关心的事情。我答应了她的要求,同时也告知因为海上工作紧张,只要大洋船进入调查作业海域我们就没有节假日,没有休息日,也没有白天和夜晚,要 24 小时地进行调查作业,所以我不能保证按时提供稿件,但是我会尽我的全力回答青岛市民们关心的问题,也希望通过我的稿件让青岛的父老乡亲们更多一些了解海洋调查和神秘的深海大洋。我会真实地讲述我们的海上生活、学习、工作、娱乐、感受和感想。

正是因为有这样一个十分热闹的场面,在大洋环球科学考察起航的那天,妻子破例第一次来为我出海送行,来为年轻的"大洋技术中心"送行。当时我并没有意识到,这是我妻子的第一次也是最后一次为我出海送行。

大洋岛国——波纳佩

经过 2002 年为期一年的技术改造,"大洋一号"船上人员的住舱和生活条件及整个工作环境都得到了很大的提升。船上可以随时洗热水澡,可以通过卫星收发个人电子邮件,而且是免费的(当然也有字节数量限制,但只要不发照片,是足够用的)。邮件使我们与家里的联系变得容易起来,与十年前我随"向阳红 09"船参加大洋调查航次已不可同日而语了。现在船员的家里几乎都有了计算机,船员和调查队员的妻子和孩子时常会发来各类新闻,这些新闻被放在局域网上,大家都很爱看。虽然我们在船上远离陆地,可电子邮件让我们感到与家的距离并不很遥远,无须再用"对讲电话"报平安了,过去出海排队打"对讲电话"的时代一去不复返了。

在船上年轻人更是有事可干,闲暇时玩网络游戏玩得热火朝天。出海后时间比较充裕,我也看了好多片子,是在陆地上几年也看不了的。我带去的一些书也派上了用场,每天睡觉前我常看的有两本书:一本是日本人写的《海洋科学史》,另一本是我朋友《中国海洋报》记者"李大爷"(李明春,中国海洋报首席记者,这是我们对他的尊称)写的《海权论衡》。在大洋里经常是风平浪静,只要设备没有故障,没有意外情况,作业还是很顺畅的。航渡期间,我也常与船员们聊天吹牛,喝茶喝酒,乐在其中。环球航次"大洋一号"船第一次靠港是在密克尼罗西亚联邦的第二大岛波纳佩。这是一个热带海洋中的小岛,雨水充沛,植被茂盛,没有工业,十分安静。

太平洋岛国波纳佩港口和海湾全景

密克尼罗西亚受美国保护,没有军队,美元是通用货币。这个太平洋中的岛国与中国有外交关系,政府机关和中国大使馆都在岛上。岛上的全部生活物资几乎全是靠船运输来的,多数是来自关岛的运输船。波纳佩超市里的商品多为日本和美国货,也有少量是来自中国台湾和大陆。岛上的公路弯弯曲曲地盘旋在山坡上,我没有见到公交车,汽车多是产自日本和美国。这里虽有路,有车,但我没有见到红绿灯,车开到路口减速,开车的人左右看看相互礼让着行驶,既不争道也不抢行。遇到路上有积水时车会开得很慢,不让水溅起来。他们在接受汽车文明时,也接受了使用这种机器的文明理念。

我曾在岛上见到一个洗车的地方,洗一辆车只收一美元,洗车的是勤工俭学者、社区志愿者或来自教会的人。我还见过一个"超级"加油站,在简陋的仅可以遮住雨水的棚子下面放着一个汽油桶,一只手摇泵,这就是一个加油站的全部器具,比我在我国乡村见到的加油站还要简陋很多。在码头不远处有一个酒吧,就在仅有的几个路灯下面,这是一个用集装箱改造成的"房子",掀起侧板即可遮阳又能挡雨,侧板下面是排成一列高高的吧台凳子。在码头边上不远处有一个废旧汽车堆积场,尽管废旧汽车的数量比我在日本时看到的少多了,但我可以感觉到这里的私家车要比我们早,因为直到现在在青岛还没有汽车垃圾场,或许要过好多年以后在青岛我也会看到这种汽车垃圾场。

据说这里也有一家比较像样的西餐厅,订餐需要提前一周,否则运输船带来的菜品原料可能不是你要的。这里的人很自在,不愁吃不愁穿,海里有的是鱼,打鱼也很容易;山上到处都是水果,只要上山去几乎随手可以摘到他们爱吃的面包果。这里没有冬天,气温变化不大,只需要几件薄衣就可以过日子。正是这些良好的自然条件,使这里的人生活得很悠闲,却不是太勤快。这里像是一个与世隔绝的世外桃源。

波纳佩附近海域盛产金枪鱼,渔船码头是日本人帮助修建的,在码头上时常可以见到中国台湾和日本的渔船。这些捕金枪鱼的船并不大,日本和中国台湾的船外形很接近。我曾见过一条较大的渔船,在驾驶室的上面停放着一架搜索鱼群的单人直升机。在渔船上打工的渔民有些来自中国台湾和大陆,由于语言交流方便,我们在他们的老板离开后,拿他们喜欢的中国白酒和香烟去换新鲜的金枪鱼。那才叫一个过瘾,喝着啤酒吃着大块的生鱼片,绝对能让你吃饱。

波纳佩的议会大厅和政府机关都在同一个建筑群里,整个建筑依山而建,虽然起伏不大却错落有致。议会大厅是这里最大、最高的建筑,也仅有两层。整个建筑群占地面积不算小,每个建筑之间是大片的草地。由于这里经常下雨,各建筑之间或者说是各政府机关之间均由长长的走廊连接着,走廊是在建筑物中间大片草地中开辟出的一条路,既可遮阳也能挡雨,在这里你可以随便走动。其实这里根本就看不到几个人,透过窗子我们只能看到少数几个办公室里有人在办公。沿着长长走廊走到建筑群的尽头就是总统办公室,我们去的时候总统办公室里还亮着灯,可是里面并没有人,门是锁着的,也没有门卫。我们几个人在门前拍了张照片留念。我们去的时候还下着雨,当我们转了一圈后已经是烈日当头。这里的天气多变,出门时总要带着雨具,因为随时都可能下起雨来。

作者在波纳佩总统办公室前留影

码头边上有几部公用电话,在这里打长途越洋电话很贵,十个美金只能通话三两分钟,因此打电话很快就能排到。大家都是给家里报个平安,尽管船上可以收发邮件,但还是相互听到声音更好,更亲切,这是邮件所不能替代的。在我去过世界上几个不同的地方后,感到发达地区要比不发达地区的电话费便宜。记得在智利时 5 美金的电话卡可通话差不多 400 秒,而"大洋一号"船停靠关岛(位于西太平洋的岛屿)时,一张 5 美元的电话卡可以打上几十分钟,有的甚至可用上百分钟(不同的电话公司通话时间也不同)。到了晚上(因为有时差,晚上的通话费低),船上的很多人拿着马扎去打电话。从船停靠的码头走路到市区要四十多分钟,沿途分布着很多公用电话亭。当我们过去时,见到一个人坐在马扎上打电话,等转了一大圈回来他还坐在那里打。开始时通话双方的话题很多,最后连国内的蔬菜价格都说到了,一直打到双方再也找不到话题时,电话卡上还有没用完的通话时间。所以,不善于煲"电话粥"的人几乎可以不用买电话卡,用别人卡上余下的时间就够了。每次这些打电话少的人离船外出时,常会遇到有人送他还有剩余时间的电话卡。

"黑烟筒"

在波纳佩居住的多为土著人,当地人很少吃蔬菜,我们找遍了超市和"农贸市场"能够买到的全部蔬菜,估计仅够全船吃上两三天的。后来听中国大使馆的人说,曾有国人来种过蔬菜,这里天气热、雨量又充沛,蔬菜很容易生长,但因为在当地没有销路又运不出去,现在已经不再种了。没有补充到蔬菜我们也只好再坚持一下。来这里之前我们并不知道这里无法补充蔬菜,为补给蔬菜,只好把下一次靠港临时改到了夏威夷。这就意味着我们出境时带的那点蔬菜要一直坚持90多天,大大超出了原来的预计。在补给前的几十天时间里,我们每天只能将船上自制的豆腐,发得不像样子的豆芽(船舱的淡水缺少微生物)和海带当作蔬菜,可以较长时间存储的土豆和洋葱也已经吃光了。由于较长时间缺少蔬菜,医生开始给每一个人发放复合维生素片,要求大家按时服用。到了夏威夷港,当我们又一次吃到新鲜的蔬菜时,感到蔬菜比什么都好吃。

由于是临时改靠夏威夷,我们没有签证不能离开码头区,只能在船边的码头上接接地气。有一天船员看到水下有潜水员在活动,而且在我们的船底下游来游去,这立刻引起了值班员的警惕。我们有意抛下几块东西以示警告,只一会儿就见不到潜水员了。

东太平洋洋中脊区域分布着很多"黑烟筒"①。这个区域作业是我们在太平洋海域作业的最后一个航段,也是我们在东太平洋洋中脊区域第二次进行"黑烟筒"和深海特定区域的环境调查。在完成调查作业

---

① 是对海底热液喷口的俗称。

后，"大洋一号"船将穿过巴拿马运河进入加勒比海，然后沿大西洋南下，绕过好望角进入西南印度洋海域，而后再向北航行和作业，并穿过巽他海峡或马六甲海峡从我国南海返回青岛。我们是从青岛开始，先进入太平洋，而后经运河进入大西洋，再绕过好望角进入印度洋，最后从我国南海返回，正好绕着地球转了一圈。

说到"黑烟筒"就要从遍布世界各大洋的洋中脊讲起。简单地说地球的岩石圈并不是铁板一块，既有缝隙，也有生有死。尽管这个新老交替的过程极其缓慢，要经历千百万年时间。在海洋里各大洋的洋中脊区域是岩石"出生"的地方，炽热的岩浆缓慢地向上涌出被海水冷却形成岩石，然后向洋中脊两边扩张，每一年洋中脊的扩张速度大约与人指甲的生长速度差不多。在世界的各个大洋里都有洋中脊，而且它们连在一起就像地球裂开的缝。岩石在太平洋西岸的马里亚纳海沟处进入地球内部，因此这里的地质活动很频繁，时常会有地震发生。日本就正好位于这个被挤高了的地方，所以日本会有较多的地震发生。地球上还有几处类似的区域，在这些地方岩石进入地球内部，完成了一次"生死轮回"。

在洋中脊区域数千米水深的海底分布着很多"黑烟筒"，"黑烟筒"周边的海水沿着岩石的缝隙渗入下去，当进入岩石缝隙的海水被加热后，会再沿着岩石的缝隙涌上来，这是一个很缓慢的过程。涌出来的海水会携带着大量被溶解的金属物质，逐渐堆积成"烟筒"，并多以硫化物的形式在"烟筒"边上聚集成矿。尽管这是一个很缓慢的过程，但"黑烟筒"并不是一直"冒烟"，许多年以后"黑烟筒"也会渐渐地衰败，变成不活动（喷发）的死"烟筒"。

从烟筒出口处冒出来的海水温度有三四百度之高，而其边上的海水只有一度左右。就是在这样一个高压、高温差、高硫、没有阳光和氧气的极端环境里，依然生长着鱼、鳖、虾、蟹。这是一个繁茂的深海海底的生物世界，可我们至今对其仍然知之甚少。由于这个海区硫的含量较高，我们钓上来的鱿鱼的味道会与其他海域不同，会略带一点酸味。这里海水的颜色也与周边有些差异。

阿卡普尔科印象

我们完成"黑烟筒"硫化物区调查作业后，在"大洋一号"船穿过巴拿马运河进入大西洋之前，停靠在了墨西哥的阿卡普尔科港。这是一个典型的南美海边城市。距离我们船停靠的码头很近的地方有一个篮球场，每到下午会有很多打篮球的人。当地人看到我们船上的小伙子们也去玩球，很友好地与我们预约了一场友谊赛。尽管我们的技术不如他们，体力也不好，但在终场前他们还是让我们赢了两分。尽管我们接触的时间很短，但会感受到南美人很热情，对我们很友好，也很尊重我们。

阿卡普尔科的公交车很有特色，汽车上的音响开得很大，打击乐的声音如山响，汽车还离得好远时，轰轰隆隆的音乐声就已经听得很清楚了。到了晚上公交车的外面装饰得像是吉卜赛人的大篷车，除了音乐声依旧很大外，每一路公交车车厢外面的霓虹灯都是五颜六色，而且各不相同，别具一格。在公交车上，我们时常可以看到全副武装的持枪警察，原来他们是乘公交车上下班，其实我们感到这里的社会治安还是很好的。

在老市区的古老建筑上，绘着带有玛雅文化特点的壁画，玛雅的象形文字和充满墨西哥文化特点的草帽，展现了这个民族的悠久历史文化。在不收费的博物馆里，我见到了中国清朝时的服装，中国的古老钱币，青花瓷等中国瓷器。但是我不清楚为什么这里不少标着来自中国的陶瓷雕像却带有明显的阿拉伯特征。

墨西哥的辣椒很有名气,尽管有些辣椒乍看上去不会很辣,可是几乎每一种都很辣。在这里辣椒酱和西红柿酱的唯一区别是二者的比例大小,辣椒酱里西红柿的数量少一些,而西红柿酱里也少不了有辣椒。龙舌兰酒是墨西哥的特产,这是一种用类似芦荟的植物酿造出来的烈性酒,大约有四十多度。当地人在喝这种酒时会将一点盐放在手的虎口上,喝一口酒,舔一点盐。我们本来计划有两次靠港机会,这次我们主要是看一看了解一下行情,有不少人打算下次靠港时再买龙舌兰酒。可是我们起航后调整了靠港计划,取消了再次停靠阿卡普尔科港,这也让我买墨西哥草帽的打算落了空。我在这里第一次见到国外的巴西烤肉,在一支立着的长钢针上穿着一片片的猪肉,围成一个圈,下面大,上面小,最上面放一个去过皮的大菠萝,烤制时菠萝汁就流淌到下面的肉片上。

我们穿过巴拿马运河进入加勒比海,下一站计划停靠牙买加的金斯顿港,在那里交换船员和调查队员。环球航次的上半阶段就要结束了,"大洋一号"船下一步要访问总部设在牙买加的"国际海底管理局"。据说中国是继苏联之后,第二个开着海洋调查船来访问"国际海底管理局"的国家。

环球航次随笔

到牙买加金斯顿港之前,我与《青岛早报》的约稿也要结稿了。我感到回答市民的问题并不容易,我不仅需要好好思考,还要认真地去写,这也促使我去回忆多年来出海的感受。大洋环球航次结束后,"李大爷"很勤奋,他写过很多有关海洋文化方面的书籍,在环球航次中我把他写的《海权论衡》读了三遍。我从环球航次回来后还与"李大爷"议论了一通,说一下我感觉哪几个章节他写得精彩,哪里欠缺了一些,也把我写的环球随笔给他看了。

后来他在整理船长陆会胜的《船长日记》一书时,把我的约稿也收录了进去,按照他的说法:"这是从另外一个侧面和角度来反映大洋深海调查,反映'大洋一号'船首次环球科学考察航次。"以下摘自于小阳记者和她转达的市民们提出的问题,以及我的回复:

记者问:长期在海上工作是不是会觉得很枯燥?

答:是的。好长时间看不到陆地,每一艘从海上路过的船都会引人驻足远望,我们的确有些孤独。但是,大自然和海洋世界里那些可爱的生灵时常会展示她们的美丽,神奇和力量,给你感官上的刺激,给你广阔的想象空间,也给你深深的启迪,让你不由自主地敬畏大自然。这些生灵让我们忘记了孤独。

在海上我们可以看到成群的海豚,有几十只甚至更多,成排的海豚不时地跃出海面,在海面上划出一道美丽的弧线而后落入水中,就像有指挥一样,动作协调一致。有的海豚就在船边上游动,透过海水我们可以十分清楚地看见它们,海豚的尾巴只是轻轻地摆动几下,然后身体一动不动地向前,就像跃入水中的游泳运动员,能保持与十几节船速并排行进。我想假如人造的潜水艇能有这样的推进效率,一定是世界上最先进的。看来仿生学是一门大学问,上天缔造的生物有着得天独厚的优势,这些都是我们人类最好的老师。

海鸟是捕鱼的能手,它们不断地在空中盘旋着,然后找准目标一头扎入水中,当浮出海面时嘴里还能衔着鱼。更神奇的是,盘旋的海鸟急速向海面涌起的波峰俯冲下去几乎要扎到水里,但是整个身体只是紧挨着水面掠过,这时受到惊吓的飞鱼会跃出波峰窜出海面。估计再有一两秒钟飞鱼就又可以回到海里,回到它赖以生存的大海。但是海鸟在空中画了一个圈,像是战斗机一样再次俯冲下来,轻轻地降落在海面上,悠闲地张开了嘴等待飞鱼的到来。飞鱼就像长了眼睛一样,径直落到海鸟张开的嘴里,我想这时飞鱼该是闭着眼的吧,不然也太恐惧了。有人曾抛出一颗花生米,海鸟很快就可以找到落点,衔住下落的花生米。

船上有很多喜爱钓鱼的人,每当遇到鱼群他们很快就会聚集到船边上,有的鱼见什么都吃,很快就能钓上一水桶。当鱼很多时,他们会自动形成流水线,有人摘钩、有人挂食、有人下钩、有人收拾钓上来的鱼,这样不断地循环,很快能钓上百来条鱼。但有时候就不是这样了,在大洋里可以看清水下三四十米的鱼,它们围着放下去的鱼钩,一点点地蚕食着鱼饵,可就是不咬钩,让钓鱼的人急得团团转,可就是没有好办法,近在眼前就是钓不上来。

钓上来的大鱿鱼

但凡这样的鱼,就是被钓上来也不会受多大伤。我们把鱼放在水槽里养着,鱼身上长着五颜六色的斑纹很好看。有一次我们放进水槽一块小一点的朝天椒,红色的辣椒缓慢地下降引起了鱼的注意,它慢慢地靠近试探了几下,然后一口咬下去,紧接着又快速地吐出来,摇头摆尾地在水池里快速地游了好几圈,看来鱼也怕辣。

当海鸟落在水面上享受美餐时,也是最易受到攻击的时候。我曾见过一只落在船上的显然腿被鱼咬伤过的海鸟,让人联想起"螳螂捕蝉,黄雀在后"。海鸟并不怕人,很容易接近,船医给它处理和包扎好伤口,还在船的一个角落里用纸盒给海鸟搭建了一个临时的窝。通常海鸟只吃活的食物,我们喂的东西它不吃,尽管这样它还是有了一个安静的休养之处。几天后海鸟恢复了一些,不久就飞走了去开始新的生活。但愿它能够记住善待它的人类朋友,能记住我们的船。

人类是大自然的一部分,应该与其他生灵和睦相处,我们永远也成为不了地球的主宰者,这与科学发明和技术进步并无多大关系,善待大自然就是善待我们自己。

记者问:海上的云彩和日出日落是什么样子,与陆地有什么不同,有什么特别的吗?

答:谁都见过云彩,尤其是雨后的彩虹会给人留下深刻的印象。但是在陆地上我们并不经常抬头观察云彩,日出日落也由于建筑物的遮挡,不能看到全貌。在海上空闲的时间多,由于船上空间狭小,饭后我们经常遥望蓝天,看看大海、云彩和日落。值大夜班,在黎明前作业时,我们常会看到日出。无论日出还是日落,太阳和云彩都会展示她迷人的魅力。

天际有万道霞光,海面上一轮红日喷薄而出,十分壮观。但日出的美丽太短暂了,我感觉只有几十秒钟,颜色从暗红、鲜红很快变成苍白,耀眼的阳光让你无法直视。即将踏上社会的青年就像跃出海面的太阳一样富有活力,但很快就有了进攻性,这个世界是属于他们的。

海上的日出

日落就要持久得多，光芒逐渐减弱，还没有到达海面，太阳已经变成了一个大圆盘，渐渐变得似乎有些椭圆。入水时也不再跳跃，而是缓缓而平静地落下去，把剩余的光芒一直投向高处的云层，映射出美丽的霞光，层次分明，缓缓而下，直至渐渐地消失，光线继续移向了更高更远的云层。

记者问：在海上你们天天都做些什么？海上的生活丰富吗？

答：对于我们这些经常出海的人，每一个航段的作业都很类似，近乎是在重复。尽管大洋船的调查设备一流，针对某个具体的作业对象技术手段还是有限的，基本上就是那几种，工作内容也有些重复。海洋太大了，尽管我们数小时地进行深海摄像作业，成百上千张地拍摄海底照片，多波束一直在探测海底地形，这些对于整个海洋仅仅是很小的地方。有数不清的区域没有被探测过，需要我们一次又一次，一年又一年地调查下去，几乎没有尽头。

我们就是在这种无休止的重复调查中发现、探索、认识这个未知的海底世界，在这种枯燥的甚至是艰苦的调查作业中，在深不见底的大洋深海里履行着我们的使命任务。当你亲眼看到在数千米

179

之下的海里自由游弋的鱼、虾，生长在岩石上的珊瑚，生长在深海底处不知道是动物还是植物的生物，会感到极为震撼。

你难以想象在数百个大气压下，在数百度的温差里，在只有几度的低温环境中，在没有一丝阳光的深海海底，竟然是一个繁荣兴旺的生态环境，这里有鱼、有虾、有螃蟹、有蚌类。人们不禁会问它们吃什么？如何繁殖？最初是从哪里来的？它们之间有着什么样的依存关系？是否还是大鱼吃小鱼，小鱼吃虾米，虾米吃淤泥？

对于这些尽管我们现在还不得而知，但每次见到这样的情景，即便是在半夜，值班人员还是会展开自己的想象天南海北地侃上一通。面对地层剖面仪打出的地层剖面图，看着获取的各类样品，拍摄的录像和照片，以及处理好的数据图件，我们都会端详许久，一点也不亚于一位艺术家在审视自己的作品。这就是我们的乐趣，在探索未知海洋世界的过程中，我们充满了成就感。

在海上时，书籍、棋牌、音乐、健身、电脑游戏比赛等各种娱乐比赛、数百部影片、电子邮件、对科学问题的讨论和思考等一直都伴随着我们。在值班以外的时间里，我们的"业余"生活还是很丰富的。我曾看过很多大片、连续剧、BBC 的科学纪录片（例如《动物世界》等），基本上都是利用出海的时间。在陆地上由于事情多，几乎没有时间看这些娱乐性的东西。

记者问：在海上怎样生活？船上的水够用吗？

答：水：在船上不同用途使用不同的水。这一点不像是在陆地上，无论干什么都是用自来水。在船上吃的淡水级别最高，虽数量不大，但是一个独立的水舱还算充足，一个人吃的淡水远远少于生活用的淡水，洗一次澡用掉的水够喝几天的。而我们洗衣、洗澡、洗漱用的是淡化海水。每天船上可以产出数十吨的淡化水，大家都节约着用，因为那是用油换来的。冲洗厕所和冷却机器用的是

180

海水,取之不尽,用之不竭。在茫茫大海上的人,对于水很崇敬,很敬畏。

菜:这是我们每一天都要吃的。在海上时间长了,蔬菜成了比肉都要稀罕的食物。保存蔬菜很难,温度低了要被冻坏,通风好了会干掉,时间长了会腐烂,一般只能保存十几天时间,真是物以稀为贵。每次长时间出海回到家,妻子都会用大量的青菜迎接我。我们出海的每一个人几乎都是这样,在海上已经吃够了肉。

侃:由于长时间在海上,交往中大家聚在一起侃上一阵子是常有的事情。有家长里短,有业务工作,也有技术交流,差不多什么都有吧。过去出海我们要带上短波收音机,这是信息的主要来源,由于经常"跑台",听了半拉子的新闻让我们更有兴致。推倒柏林墙、苏联解体、"9·11"事件等好多爆炸性的新闻我们都是通过收音机知道的。回想起来这样获知新闻比现在方便快捷地通过网络要更有滋味,更有悬念。

思:这是安静下来常出现的事情。船上不总是热热闹闹的,也有一个人安静的时候。比如吃过晚饭一个人在甲板上溜达时就很安静。有时太安静了就会想家,最多想的是孩子。现在的教育从小就逼着孩子们去竞争,我也常为不能助上一臂之力而深深地感到内疚。出海的人不能照顾家,很欠妻子、孩子和老人的,有时甚至是一辈子都无法弥补的。这是常出海的人共同的感受。

玩:在海上有在陆地上捞不着玩的事。比如钓鱼,你可以眼看着鱼是否咬钩,这在陆地和近海是看不到的,很有意思。鱼先是试探着咬两下,然后命就被嘴馋给断送了。

没有调查作业时大家也一起玩扑克,下棋,打乒乓球,还组织各类"比赛"活跃海上生活,多数不是真正的比赛而是娱乐性的。比如拔河比赛,白面书生样的调查队员居然赢了膀大腰圆的船员,因为有人偷偷地把绳子拴在了地脚①上,几个人也拉不动,生生地把船员给累输了。空闲时船上的通用计算机网络成了年轻人打CS的战场,隔着房间几个人对垒也很有趣。

购物:现在国人富了,购物习惯已今非昔比。过去我们出海想的都是彩电、冰箱、收录音机、录像机等大件家电,后来是买食品、酒类、首饰、装饰品等回去送朋友。现在购物可以说是五花八门了,保健品开始多了起来,每次大超市的深海鱼油、高档奶粉、化妆品等都会被我们"扫荡一空"。现在为下一个航段买上一堆吃喝的人也多了,这些大都是年轻人。年龄大的船员和调查队员还是显得保守一些,通常他们不去乱买东西,更顾家一些。

调查作业的心脏和生命线

巴拿马运河连接大西洋和太平洋,这是海上交通要道,也是最窄的地峡之一。运河的每一边靠落差 9 米的三级船闸把数万吨级的船提升20 多米后送到巴拿马湖中,使巨轮能够越过连接两个大洋的地峡,从一个大洋进入另一个大洋,不用再绕大圈子。当"大洋一号"船被船闸特有的小火车拉入最后一级船闸时天色已黑,船在湖里是夜航,我们看不清湖面,只能看到两排向远处延伸的航标灯。

巴拿马运河工程浩大,是世界上著名的大工程之一。开始由法国人设计并建造,但由于黄热病猖獗致使劳动力不足,再加上掘进技术落后,工程组织不利等,最后法国人没有办法继续干下去,没有完成这项

---

① 一种用来固定物品的装置,常用于为绳缆或钢缆生根。

大工程，只得转让给美国人，由美国人接手后继续建造才最后完成。

美国人采用了与法国人完全不同的工程组织与运作方法，在接手后开始沿运河边修建村庄，使劳工有了较为稳定的居住和生活场所，解决了黄热病的预防和治疗问题，保障了劳动力的充足，当然也解决了一些工程技术上的问题。在运河建造中，华工的表现十分突出，他们用华人的智慧和吃苦耐劳的精神，为人类航海留下了宝贵的财富。

大洋环球航次是我深入接触大洋深海勘察的开始，也是我学习的好机会。随着我更多地参与深海调查作业，对"大洋一号"船的各个方面，对各种调查作业设备，对调查作业方法也有了更加深入的了解。当然我也从中发现了许多不足与缺陷，比如甲板调查设备没有得到应有的重视，没有进行有效的维护和保养；调查设备和作业层次不清，调查作业方法落后和调查作业不够规范等很多问题。

大洋16航次（环球航次的编号是17航次）绞车系统中的牵引绞车曾在海上几次出现故障。在仅有100多天的航次作业中，不得不在摇晃不定的船上将成吨重的牵引轮拆卸了六次。这不仅严重影响了调查作业的进行，也加大了现场维护的难度。

在本航次作业中地质储缆绞车主轴连接处开裂。实践证明现场焊接是没有什么用处的，可我一时也想不出解决的办法。有一次与大刘军（他有老轨证，当时他在船上干三管轮）喝酒聊天，我说起了主轴开焊的事情，他当时就拉着我去看开裂的主轴。看后他提出了一个很有效的主意："不要让轴干磨，既然现在我们无法焊接牢固，那么就向轴上注些油，让轴磨损得轻一些。在使用中控制好速度，尽量减少冲击。只要减轻轴的磨损，我觉得主轴一时还出不了大问题，估计开裂处还是能够顶上一段时间的，回去后我们再考虑好好修理一下。"就是这样一个简单的主意，使地质储缆绞车一直坚持到了最后，不仅没有影响作业，主轴也如他说的那样基本保持完好，为后来的修理创造了十分有利的条件。

通过航次中发生的一系列事情，使我逐渐认识到仅仅去解决某个装备的技术问题是不行的，必须把"大洋一号"船的技术装备看作一个整体，对所有方面进行深入、系统、全面的思考与评估，并据此提出一整套改进和优化的措施。这也是大洋技术中心在以后的几年里做好大洋调查装备保障工作，促进中心稳步发展的入手点。

于是在环球航次的后半段，我开始重点关注与调查作业有关的各个技术环节，开始着手起草《大洋船整体改造和优化技术方案》。在牙买加下船时，我已经有了基本构思，初步完成了方案的整体框架。下一步还需要补充一些技术细节，制订一些具体的改造技术方案。

在整体改造和优化技术方案中，在我提到甲板调查辅助设备和万米绞车系统在航次中的作用时，使用了这样一个比喻："在大洋深海资源勘察航次调查作业中，万米绞车就是心脏，钢缆就是生命线。"

尽管"心脏"和"生命线"在调查设备分类中属于调查辅助作业设备，但是大洋深海资源勘察和环境调查作业都离不开它。它们的好坏甚至决定了一个航次的成败，决定了大洋勘察作业效率的高低。"心脏"和"生命线"是保障调查作业持续进行的充分必要条件。

"大洋一号"船之所以能够称其为中国海洋调查船的标杆，并不全在于有先进的调查技术装备，而是因为从基础性的辅助调查装备，实验室和通用调查设备到先进的水下机器人等构成了一个有机的整体。这是一个从搜索发现到探测取样的调查作业装备链条，即便是一个辅助装置，也仍旧是这个链条中的一个重要环节。因为每个环节的优劣在很大程度上决定着一条海洋调查船的调查作业能力。任何一个环节的断裂，将在很大程度上导致一个航次的终结。

我国的很多海洋调查船恰恰是没有形成一个完整的装备体系，至少是没有被视为一个整体的作业链条。更没有人去当作一个重要的课题研究一下,考虑一下应该构建一个什么样的,符合国情的,具有中国特色的海洋调查船作业支撑体系,以及这个体系应该包括一些什么内容,我们应该从哪里开始入手。

乍一看"大洋一号"船有的设备别的海洋调查船也有,并没有什么十分特殊的东西。就像我们曾经看过德国"太阳号"调查船一样,也是没有看出来德国人有些什么我们还没有的"秘密武器"。他们有的我们似乎并不缺少,其实诀窍就在这里面。可以在"大洋一号"船上正常使用的调查设备,能够发挥作用的调查装置并不能简单地移植到其他的调查船上去。因为,这些设备换到另外一条海洋调查船以后,由于整体配套的完整性差异,很可能就不能正常发挥作用。这就是海洋调查船与船之间的差距所在,这就是国内很多新建造的海洋调查船纷纷以"大洋一号"船为标杆,在模仿中改进的基本原因之一。

这个差距不是上船看一看,在实验室里转上几圈,问一问相关人员,或者是开个研讨会就能知道,就能理解的东西。而是需要你带着问题和思考,带着对海洋调查船的理念和主张去看,去了解两者的差异,去学习别人的东西。这就是为什么我们去外国先进的海洋调查船上看不出什么,也学不到手的主要原因之一。因为我们还没有形成自己对海洋调查船的理念和主张,当然也就不理解别人的了。

我读《海洋科学史》

在环球航次期间,我读了一本日本人写的《海洋科学史》[1],这是临近出海前我在北海分局资料室图书馆里偶然发现的。书上落满了厚厚

①　宇田道隆.海洋科学史[M].金连缘,译.北京:海洋出版社,1984.

的尘土,借书卡上只有一个我不认识的人在 1978 年借阅过。在大洋环球航次中我大约先后看了三遍。

这本书里提到中国海洋调查历史的内容很少,可以感觉出来当时作者没有获得我国海洋行业信息的渠道。书中仅有关于当时中国海洋研究和海洋调查领域组织机构的介绍,也涉及全国海洋普查等国家组织的大型近海调查项目,并提到了我国 1975 年在赤道海域的远洋科学考察活动。

说到中国海洋科考的历史,让我们来看一段摘自网络的文字①。

新中国海洋科技事业的发展,大致经历了四个阶段:新中国成立初期的开始起步阶段(1956 — 1961);十年动乱中的曲折发展阶段(1961 — 1977);在改革开放中焕发生机阶段(1977 — 1996);“十五”大之后的展翅腾飞阶段(1996 — 2005)。

我国是海洋大国,发展海洋事业对于中华民族的繁荣昌盛和长治久安,对于实现国家“三步走”的宏伟目标具有重要的战略意义。海洋科技是国家海洋事业发展的强大支撑和不竭动力,开发海洋资源、保护海洋环境、发展海洋经济、维护海洋权益、建设海洋强国必须依靠海洋科学技术。

如果从 1956 年我国制定国家海洋科学远景规划算起,新中国的海洋科技事业已经整整走过了 50 年的光辉历程。这 50 是备尝艰辛的 50 年,是奋发进取的 50 年,也是成果辉煌的 50 多年。重温半个世纪不平凡的征程,对于我们在新世纪新阶段,深入贯彻党和国家的科技方针,全面落实中央领导同志对海洋工作的一系列

---

① 回顾过去展望未来——中国海洋科技书展 50 年[J/OL]. 科技日报[2006 - 09 - 04]. http://hews. xinhuanet. com/politics/2006 - 09/04/content 5045858. htm.

重要指示,继承和发扬几代海洋科技工作者不懈奋斗、艰苦求索的优良传统,同心同德,开拓进取,推动海洋科技实现跨越式发展,把我国建设成为蓝色海洋强国有重大而深远的意义。

以下为各章节的目录:一、海洋科技事业从制订规划开始起步;二、海洋科技事业在十年动乱中曲折发展;三、海洋科技事业在改革开放中焕发生机;四、海洋科技事业在贯彻"科教兴国"方针中展翅腾飞;五、未来我国海洋科技事业重在创新。

……

概括起来中国海洋科技的历程可简述为:在新中国成立初期的起步阶段用了 5 年,"文革"期间的曲折缓慢发展阶段用了 16 年,改革开放后经历了 19 年的新发展阶段,截止到 2013 年的快速发展阶段为 17 年。全球海洋、地球科学、国际合作计划、深海资源和环境、生物基因技术、海洋国土、海洋强国,这些概念的引入大都是在 20 世纪 90 年代以后。这足以看出我国海洋调查发展进程的曲折。

从海洋科学角度归纳一下关键词为:海洋生物、物理海洋、海洋地质、海洋物理、地球科学和海底石油、海洋调查和海洋调查船。而山东海洋学院(现为中国海洋大学)的传统院系是:海洋系、物理系、地质系、化学系、生物系。我们会发现在上面的文字里并没有提到"海洋化学",似乎在我国海洋科学发展的历史上"缺少"了海洋化学这一个学科,少了一个环节。可是就是这样一个在我们海洋发展历史轨迹上似乎"缺失"了的海洋化学(海洋化学在世界海洋科学发展史中有着很重要的位置),却几乎成为现在我们用来评价我国近海海洋环境,预测近海海洋环境变化趋势,应对当前海上溢油与污染事件的"唯一"技术手段。这似乎不合逻辑? 但为什么是这个样子呢?

这篇文章罗列的大型海洋调查活动有:全国海洋综合调查、渤海海洋地球物理调查、南海中部调查、东海大陆架调查、全国海岸带和滩涂资源调查、全国海岛资源调查、南海岛屿和邻近海域综合调查、台湾海峡和邻近海域环境综合调查、大洋资源勘察、极地科学考察、海洋污染基线调查、专属经济区和大陆架勘测、西北太平洋环境调查、908 专项调查。这些调查活动绝大多数属于近海海洋观测。我们在很长的一段时间里一直热衷于游走在自己的家门口，紧盯着近海，少有迈向远洋深海。

　　或许这篇文章不是一篇权威性的文章，但该文历数了新中国几十年海洋事业的发展过程，却只字未提从 1960 年开始至今还在进行的近海标准断面调查。可见我们对于那些没有所谓"展示度"的基础性工作是多么不愿意去关注。海洋是测出来的，广阔的海洋、巨大的水体、海水的高热容特性和地球复杂的变化，天体长周期运动以及神秘莫测的宇宙等诸多复杂的因素，都直接影响着海洋的变化，使海洋具有长周期性变化的基本特征。海洋的变化是一个十分缓慢的巨变过程，这就决定了海洋调查是持久战，是需要我们长期坚守的事业。

　　我们不能指望打一场歼灭战，搞几次大的调查活动，做几个大的观测项目就能大幅度地提高我们对海洋的认识，比如：我们仅去观测几个小时的潮汐涨落，即便是观测精确达到毫米以内的量级，也不可能计算出潮汐调和常数，更不可能用这个分析结果（调和常数）去预报潮汐的变化。因为，我们没有取得足够的数据样本，这样得出的结果不符合自然规律。

　　历史是人创造的，也是人记述的，但不应只有简单的事件记录。

最美的舞蹈

　　为拜访国际海底管理局，"大洋一号"船停靠在了牙买加金斯顿港。

牙买加不仅是盛产优秀田径运动员的地方,也是一个美丽的热带城市,当地人以能歌善舞的黑人为主。牙买加还是一个旅游业很发达的城市。"大洋一号"船停靠的码头前面有很大一块空地,中午过后几辆大卡车开到船边上卸下了冷餐会用的帐篷和支架,很快他们就在空地上搭建起来。帐篷里面主席台、背景、灯光、音响和餐桌一应俱全,让你感到他们十分地专业。据说假如用户有要求,在帐篷里面还可以加装空调。

当太阳落山时,冷餐会的客人们陆续到达,国内外的客人包括我们70多名科考队员在内约有300人。在简短的仪式之后,大洋协会办公室主任宣布冷餐会开始。货车两侧的门打开,冒着热气的各种美食佳肴规整地摆在桌子上,冰镇的朗姆酒也在冒着凉气。冷餐会是站着吃喝的,尽管边上也有一些座位,但坐着吃的人并不太多。大家一边品尝着牙买加的美食,一边喝着不同口味的朗姆酒(牙买加的特产),相互交谈着。冷餐会的时间并不长,冷餐会结束后,来宾们陆续离开,这时我们才发现最精彩的才刚刚上演。

工人们开始拆除帐篷。他们把音响开得很大,伴随着节奏很强的打击乐,他们一边干着活,一边跳起舞来。抬着餐桌的人,不像是我们搬家公司的工人只是低着头干活,他们踏着节奏,扭动着身子,前进两步倒退一步,做出各种各样的动作,两个人配合得十分默契。他们一点也不像是在干体力活,倒像是在舞台上的表演者。大地就是他们表演的舞台,这里的每一件东西都是他们跳舞的道具,在一招一式中展现出他们的舞蹈天赋。爬到架子上拆电线的人同样也随着音乐很有节奏地上去、下来。一个电工在走向另一个架子时,拿钳子当作弓箭,做出非洲猎人寻找猎物的动作,侧耳细听,左顾右盼,然后瞄准射击,高兴地跑到下一根立柱旁一看,没有打中,猎物早已经逃之夭夭。懊悔不已的表情不仅表现在脸上,也表现在肢体上,动作惟妙惟肖,无需语言让人一看就能明白。他们的每一个动作都是从骨子里透出的一种很自然的舞蹈语言,尽显肢体之美。

我们船上的很多人都被眼前的劳动舞蹈场面感染了,纷纷拿出照相机、录像机拍照,这反倒更加激发了他们的表演热情。他们的动作开始变得更有力度,开始更加夸张,更富表现力。他们的舞蹈全部是即兴表演,就像黑人吹的小号,尽管没有乐谱但节奏明快,看似无招无式,功力却尽在其中,表现力很强,这都是平常在舞台上不可能见到的表演。因为这些舞蹈是发自他们每个人的内心。

现在好像已经不是在拆除帐篷,不像是忙于收工下班,而是一场专场演出。这一场面也深深地感染了"大洋一号"船上的年轻人。小伙子们情不自禁地加入到劳动舞蹈之中,帮着他们搬东西,学着他们的样子一边搬东西,一边跳舞。

我的大洋环球航次结束于牙买加。严格地讲,我只参加了"半个"大洋首次环球科考航次。我和康川交换后,后面更为艰难的调查作业都要由他继续做下去。现在我们出差时乘坐飞机多了起来,经过扩建,国内的机场已经相当成规模,尽管与英国的希思罗机场还是不能相比,但比牙买加的机场要好得多了。我们在牙买加乘飞机返回国内时,正好遇到下大雨,机场服务人员在候机楼走廊的尽头,给每个人发放一次性塑料雨衣。我穿好雨衣后冒着大雨跑向远处的飞机舷梯,这中间没有遮雨的走廊。当我登上舷梯进入飞机时,裤子已经淋湿了好大一截,身上也湿了好几处。

这是我第二次乘坐长途飞机,单程是一万多公里。等我降落在国内机场出了海关后,还得乘一个多小时的飞机回青岛。回到青岛后我在家休息了一天,当我再次回到办公室时,见到了新来的几名同事。单位的人员已经开始增加,很快"中心"成立时有意空出的三个座位就被填满了。

分水岭

这次大洋环球科考航次是我至今为止最后一次长时间的出海，从这以后，我的海上工作生涯基本结束了。尽管之后我又有几次随船出海去工作，但是对于大洋勘察和远洋调查来说，这些算不上是出海。在我参加大洋环球航次时，就算是结束以后，我也没有强烈地意识到首个大洋环球航次竟然就是我出海的分水岭。

有人曾经问过我，这些年来你一直长时间地工作在海洋调查的第一线，不知道出过多少次海，既去过南、北两极，也跑过深海大洋。让你感到最为自豪的是什么？哪一次出海给你留下的印象最深刻？哪些事情和经历让你终生难忘？

对于这些我并没有认真地想过，现在想想我感到既不是哪一次出海，哪一个大航次，也不是我遇到的哪一次大风大浪能让我自豪，或者说让我印象最深刻。即便我参加了南、北极科考也不过是一种机遇而已。我就是一名普通的海洋调查从业者，出海是我分内的事，是我工作的一部分，尽管现在有点依依不舍，但仅仅是因为我干的时间长了一点，经历多了一点，对自己曾经从事过的海上调查工作有了一种难舍的好感，这是长期一直从事某项工作的人都会有的正常感觉。

细想起来，让我印象最深的是一群人。我来到北海分局开始从事海洋调查以来，遇到一群刚刚脱掉军装的年轻军人，他们的年龄都比我稍小一点。这是一群受过严格训练，具有敬业和拼搏精神，敬畏蓝色海洋，敬畏大自然，让人敬佩的一群年轻军人。如今我国海洋调查军人时代的吃苦耐劳精神已流传下来成为一种传统，甚至是成为一种文化留了下来，然而这一点并没有引起我们应有的关注。

还有带领、教导和培育我们的老一辈海洋工作者,他们多数是当年的老大学生,这些人是我的长辈,很多人从 1958 年开始就从事海洋调查了。他们有理论有知识,有精湛的作业技术,更有崇高的职业道德,他们对待每一组观测数据都极其负责。我从他们那里领悟到了人应该对大自然有敬畏之心,我从他们那里感受到了一代人培养下一代新人的奉献精神,我从他们那里学到了海洋调查从业者必须具有的职业道德与基本准则。

时过境迁,我自己那些曾经有过的"辉煌"已是过眼烟云,现在想想那只不过是正式上场比赛前的准备活动。自 2005 年以来,尽管这段时间不长,但能够让我说自豪的就是这一段时间发生的两件事情。

第一是一支技术团队。通过这几年的同甘共苦共同奋斗,我与大洋技术中心的小伙子们和老搭档们结下了深厚的友情。通过努力我带出了一支在大洋深海勘探上能征善战的技术队伍,这支队伍在我国大洋资源勘察现场的调查作业和装备管理方面,在载人潜水器海试中,在"大洋一号"船实验室和几项装备的重大技术改造工作中,在深海装备技术研发以及在解决我国深海装备技术瓶颈问题的过程中,成为一支强有力的技术保障队伍。更为重要的是这支队伍在几年的时间里就得到了业内和同行专家们的认可与高度评价,这让我感到自豪。

第二是一个技术方案。在 2005 年的环球航次中,我开始思考并着手撰写《"大洋一号"船整体优化技术方案》。这个方案指导了"大洋一号"船以后的一系列装备技术和实验室改造工作,经过几年时间的分步实施取得了突出的效果。该方案也直接深入地剖析了目前我国唯一一条装备最为精良的现代化远洋调查船,分析了它存在的各种不足和缺陷,而且这恰恰是在"大洋一号"船刚刚完成为期一年的重大技术改造后不久提出的。

让我感到欣慰的是我在《优化方案》中所提出的具体解决方案的绝

大多数已经被后来的实践证明是正确的,是有效的,是可以解决问题的。我们通过这个《优化方案》把"大洋一号"船上现有的技术装备串联成了一个有机的整体,对明确从探测到发现、从目标确认到取样证实的各类作业与相应的技术装备链条,识别评估和判断作业链条中各个环节的技术缺陷,起到了很好的作用。不仅如此,大洋协会办公室主管技术装备的领导在看过这个《优化方案》后,并没有因为我的直言甚至是苛刻的解析而不高兴,反而在后继各个项目的推进和实施中,给予了充分理解和大力支持。假如没有这个技术方案的指导作用,我们的技术团队是不可能快速地成长和壮大起来,更不可能在短时间内解决很多技术难题,也不太可能在较短时间里,被业内专家和同行们所承认,所接受。

我与载人潜水器

　　俗话说:心急吃不了热豆腐。发展需要积累和沉淀,要
有后劲,要脚踏实地。我们的载人潜水器还有很长的路要
走,绝不能心急。

神秘未知的深海大洋

　　载人潜水器项目开始于 2000 年之初,2004 年被科技部立为我国
重大海洋装备专项。2006 年深秋,非正式在编的北海分局大洋技术中
心接受了一项新的任务,国家海洋局拟成立一个非常设机构"国家海洋
局北海分局潜航员管理办公室"(简称"潜办")。经研究,北海分局决定
"潜航员管理办公室"与"北海分局大洋技术中心"合署办公,即一个单
位,一个领导班子,两块牌子。于是,我就成了潜航员管理办公室主任。

2006 年底，北海分局通过网络向全国公开招聘我国首批潜航学员，海选工作由北海分局人事处、科技处组织实施。网上公开招聘的通知发出后，报名的人数并没有我们预想的那样多。尽管当时大学生就业形势已经很不乐观，毕业后找工作难，找好一点的工作就更难了。可是由于大家对海洋、对深海、对载人潜水器了解得很少，海选的招聘信息并没有引起急于寻找工作机会的大学生们的关注。在规定期限内，仅有寥寥几十个人应征报名，尽管这些人都经过了学校或单位的初选，符合应征的基本条件，但这仍然大大出乎我们的预期。

不要说是深海，就是近海，在青岛这个中国海洋研究单位集中的地区，人们对海洋调查和海洋工程勘测了解的也并不太多。在日常的新闻报道中多是哪里的渔民捕了一条大鱼，哪里养虾池得了虾病严重减产，哪里的养殖池结冰了冻死了一大批海参鲍鱼，养殖户们损失惨重等等。有关海洋调查和海洋科考活动的都是哪一条科学考察船今天起航，奔赴某某海域，执行某某任务；哪一条科学考察船今天胜利返航，圆满完成了某某科考（调查）任务。大多此类。青岛人天天看大海潮涨潮落习以为常，可是知其然而不知其所以然的大有人在。海洋科普本来应该很有趣，可是有关海洋的科普读物却寥寥无几，在本来就为数不多的海洋科普读物中能引人入胜的更是凤毛麟角。我仅在青岛图书城的一个角落里见到一些海洋科普的书，我的孩子所了解的一点海洋知识也多来自《海底两万里》等科幻小说。人们对海洋知识了解得不多，缺乏强烈的海洋国土意识，报名人数少也就不难理解了。

人类对于海洋的了解，尤其是对深海的了解，远不如对头顶上星星了解得多。在数千年前甚至更早，人类就开始用眼睛来观测太空中的星辰。可是对于海洋，即便是在远离陆地，几乎没有污染十分清澈的大洋里也只能看下去几十米远，除了海水什么也看不到。对于数千米深的海洋来说这个可怜的可观察深度仅仅就是表皮。在可视距离以下很远的地方,在海面以下几公里到十几公里以外,才是我们未知的深海海底世界。这是一个神秘的地方,至今深海极端环境下的海洋现象和海洋生物等等对我们来说基本上是未知的,深海是人类知识的空白区域。至今我们能够探测到深海海底的技术手段并不太多,几经努力之后,我们也就是仅仅去了广阔深海海底的几个点和一小片区域。我们对这些"点"的认识,放在广阔的深海大洋里是很少的。只有在我们将"点"积累到一定的数量,我们才有可能对深海有点了解。

水体和空气是两种物理特性完全不同的介质,在太空观测和空间技术中广泛使用的光、电技术,一旦进入海洋便没有了用武之地。可用于海洋的只有声音,声音可以在海水中远距离传播,而且这种声音还是我们的耳朵几乎听不到的低频,海水的这种特性就像是给大洋深海海底包上了一层厚厚的"皮"。厚厚的海水阻隔了陆地和空间上很多成熟的技术在海洋中的应用,大大地限制了人类了解海洋,认识深海的步伐。载人潜水器就是能够让我们穿越数千米海水接近海底目标,在近距离和一定范围内观察了解深海、探测和采集深海样品的运载器。有了这种工具,我们就不再只是"隔皮猜瓜"了,而是眼见为实。潜航员就是这种运载器的驾驶员,有点类似出租车司机,但乘客是科学家。载人潜水器说到底就是一个运载工具,既不属于海面上的船舶,也不算真正意义上的潜水艇。

潜航学员的选拔和培训

应征参加潜航学员海选的人陆续来到青岛,他们被安排在北海分局边上的学苑宾馆。虽然学苑宾馆有些简陋和陈旧,但与北海分局仅一墙之隔,工作起来还比较方便。苏军副总队长(北海海监总队副总队长)作为选拔工作的协调人陪同他们一起住在宾馆里。有一天下班后我正与苏总在房间里闲谈着这次招聘的事情,一名应征人员敲门进来。这是我见到的第一个参选人员,也许是一种缘分吧。第一次见到他我就有种似曾相识的感觉。后来我才知道推门进来的人叫傅文韬(后来他通过了选拔成为潜航学员)。他向我们提了一个建议,我和苏军副总队长感到这个建议很好就同意了他的想法。潜航学员选拔先要经过简单的笔试,假如是考他们载人潜水器方面的知识,我估计没有一人能及格,因为即便是学海洋的也很少有人知道载人潜水器到底是怎么回事。选拔潜航学员仍旧是从考试开始的,试题是很一般性的笔试考卷,属于基础知识的考试。

选拔潜航学员,除了一般性的文化考试外还有体质检查、体能检测、海上晕船和心理测试。在体质和体能检测之后,只有少数人被淘汰。为更好地检验参选人员,北海分局安排了一个天气不好的时候,分两批用小的海监船拉着他们进行海上晕船测试。小船在风浪中不停地摇晃着,船顺风、顶风、侧风来回航行了几趟后,他们中有些人已经开始有点晕船了。虽然,他们每个人都在强忍着,控制住呕吐。其实,大凡经常出海有过晕船经历的人,只要看看这些年轻人当时的表情和动作,哪个人是否晕船了就能估计个八九不离十。海上晕船测试的淘汰率也并不高。

最后是心理测试,这是淘汰率最高的测试项目。经过几天连续的测试,我们最后初步选定了 4 个人。按照选拔办法要通过面试在 4 个人中选出 2 个。我作为面试的评判人员参加了选拔首批潜航学员的面试,并投了可能影响他们一生的一票。让我感到很可惜的是,其中一人前面的各项测试成绩都不错,就是在面试叙述问题时,语言表述能力不好(也许他过于紧张了),尽管在最后评判时我们讨论了许久,他最终还是被淘汰了。我真的感到有点可惜。经过一系列测试和最后的面试,只有唐嘉陵和傅文韬通过了选拔。我们本来打算选拔出 6 名潜航学员,可是结果只选出了 2 名,当然这与报名人数少也有关系。

唐嘉陵和傅文韬都属于很有运气的孩子。当时唐嘉陵在哈尔滨工程大学读大四(还没有大学毕业),选拔结束半年后才回学校参加毕业典礼。傅文韬已经从兰州理工大学毕业,但还没有找到适合的工作,他正在准备报考研究生。从现在开始他们两个人将接受为期两年多的教育、培训和训练,学习载人潜水器的各种知识,参与各类体能、心理训练和测试,参加载人潜水器水池试验,接受下潜实训,完成海上试验。潜航学员招聘和培训是一项全新的工作,也是开拓性的工作。假如在后面的几年内没有继续选拔出新的潜航学员,按照一般的推测,他们两个人将被默认为是中国载人潜水器潜航员队伍的领头羊。

作者(中)与两名潜航员合影

完成潜航学员的选拔后,北海分局于 2007 年 2 月 6 日成立了北海分局潜航员管理办公室,潜航员管理办公室自成立起就没有纳入国家财政预算,就没有运行经费,这种情况至少是一直延续到 2011 年我们完成 5000 米级载人潜水器海试以后。在 5 年多的时间里,大洋技术中心一直在默默地承担着两名首批专职潜航员的培养、教育和行政管理工作。几年来大洋技术中心的每一名工作人员一直在呵护着这两名年轻人。对于大洋技术中心而言这不是什么荣誉,这是一个不可推卸的责任,是历史赋予我们的使命。

但对这件事我也担心,或许这是一个长期的负担,是一颗随时可能带来麻烦的种子。因为他们是我国首批潜航员,我深感自己对未来承担的责任太大了,但是可用的资源又太少了。我只能关注他们的思想与情绪的变化,教育培养他们如何先做人后做事,引导他们如何判断现实局面,从专业以外的角度冷静地看待和考虑自己的发展问题,应该如何对待扑面而来的荣誉,应该如何对待他们周边浓郁的功利气氛。我只能尽力地引导他们理解什么叫"功夫在诗外",这是不身临其境难以体会和感受到的。

他们转正前的工资待遇按一般大学生对待。一年后当他们面临转正时,如何对待这些国家的"宝贝"并没有引起多少关注。在我的一再催促和反复请示下,如何确定他们转正后的工资待遇终于被提到了议程上。可是因国内没有合适的参照标准,人事处长也犯了难。经过反复讨论和请示,在北海分局领导的主持下,按照北海分局船舶特种船组的大副和高级工程师的标准,确定了他们转正后的工资待遇。为了体现对首批潜航员身体健康的关照,又确定了他们健康补助的月标准。他们的工资水平基本上是同龄人的一倍以上,可是在每年分配人员基本工资预算时,并没有予以体现,说到底这是一个调子很高却不被承认的过渡办法。

培训载人潜水器的专职操控人员(即潜航员)是国内首次开展的工作,对于如何教育、培训和训练大家都不知道该怎么办,都是在摸着石头过河。国外已经有载人潜水器多年,他们的潜航员属于自愿组成的群体,纯属志趣相投。他们自我教育,自我培训,自我训练,从开始的准备工作到载人潜水器下潜以及后期的维护和保养一并负责。每次执行下潜任务都是这帮人,他们合在一起约十来个人。国内外体制和机制上的差异,使我们无法借鉴他们的做法,只有寻求一种中国式的发展途径。

潜航学员的培训由中船重工第702研究所(江苏无锡)总负责,沈阳自动化研究所、上海交通大学、750试验场、中科院声学所和北海分局等多家单位协作。两名潜航学员到北海分局报道后不久,载人潜水器就进入了车间组装阶段,他们的培训也随即展开。培训围绕着潜水器的组装开始,然后才逐步展开其他课程和训练,培训主要包括:专业知识授课、体能训练、心理辅导与训练、载人潜水器操控技能培训,以及各类体能和心理的测试等,当然也包括与研制人员一起参与组装载人潜水器的工作。

载人潜水器的外形像是一个削去一头的枣核,正前面是照明灯、摄像头、照相机和机械手,两边是垂直推进器,控制潜水器升降,艉部是四个正交的矢量推进器,没有舵,靠调整四个矢量推进器的转速、转向来控制载人潜水器前进、后退和左右转弯。载人潜水器在空气中的重量为二十几吨,框架外面包裹着大量的浮力材料形成流线型,使载人潜水器在水中的浮力几乎呈中性。浮力材料是一种高技术产品,可说起来一点也不复杂,把玻璃吹成几个微米的空心球,然后与高分子材料混合形成一大块类似木材的原材料,该材料可被机加工成不同的形状,以镶嵌在载人潜水器支架的外面。靠浮力材料产生的浮力可使载人潜水器在水下抛去压载物以后接近海水的比重,几乎处于零浮力状态。

无锡第702研究所负责潜航学员培训的主要人员有:胡震主任、侯德勇书记和朱渝业老师。他们不仅为潜航学员安排了很好的食宿条件,编制了培训计划,安排他们的教学课程,而且把两名潜航学员当成自己孩子一样对待,照顾得无微不至。

200

由于两名潜航学员长时间不在单位里,不要说是北海分局的人,就是同一个单位(大洋技术中心)的好几位新来的同事,也只闻其名而未见其人。他们几乎成了被青岛这边遗忘了的人。在南海完成了载人潜水器 1000 米级海试以后,基本还是这种情况。在完成 3000 米级载人潜水器海试,尤其是在完成 5000 米级载人潜水器南海海试后,各家新闻媒体的宣传才把两名预备潜航员(他们通过了 1000 米级下潜考核后,已成为预备潜航员)推向了前台,推到了大家的视野之中。

在那段沉默的日子里,我经常去无锡看他们,了解他们的工作、生活和培训情况,让他们不至于感到太寂寞,太孤单,太无助,同时这也是对培训单位的一种最起码的尊重。在近两年的时间里与我一起去过无锡的唯有《中国海洋报》记者李明春。他对我国首个载人潜水器这样的新鲜事物有着一种特殊的职业敏感,每次去无锡以后他都会有新的感受,新的感慨。作为一名记者,他从潜航学员招聘开始,一直到 3000 米级潜水器海试的六七年里,不断勤奋地收集着各种与其有关的素材,观察着载人潜水器所发生的各个事件,思索着它们之间的内在联系。载人潜水器海试成功后,尤其是在 3000 米级海试以后,很多宣传素材都出自他的手,这让我十分敬佩。

开潜水器与开拖拉机

在载人潜水器完成组装下水池试验前,两名潜航学员在云南昆明抚仙湖接受了一次实训,我和同事崔运璐陪同他们去了昆明 750 试验场。

抚仙湖,距离昆明市几十公里,位于去往石林的路上。我们下了高速后,穿过一个小村庄就到了湖边,750 试验场就在抚仙湖的西侧。

为了保护环境,防止湖水被污染,近些年来当地已经禁止渔民使用机动船捕鱼(750试验场可以使用机动船),周边渔民们使用的都是帆船或手划桨的小船,看着渔民在碧波之中泛舟荡漾别有一番趣味。湖面与海相比要小得多,所以,机动船也不需要多大的航行能力,比海船要简单多了,是机驾合一的船,船长一个人就能开着走。湖里也会有风浪,但我们已经习惯了大海上的风浪,湖上的浪算不了什么。

"蓝鲸"号载人潜水器

两名潜航学员经过几天陆地上的学习,已经初步了解了750试验场"蓝鲸"号载人潜水器的操作。尽管7000米载人潜水器与"蓝鲸"号的操控并不相同,据说技术含量也有不少差距,但我认为差不了太多。比如开拖拉机与开奔驰车,实际上并没有实质性的区别。

750试验场的杨主任很干练,高高的个子,长得很精神、很威武,说话行事中透着一种军人的作风,他是"蓝鲸"号载人潜水器技术团队的主心骨和掌门人。他领导的这个团队尽管人数不多,但很团结,很能干,每一个人都是独当一面的行家里手。尽管他们不是教授,但却能够用很短的时间完成两名潜航学员的陆地操作培训,让两名年轻的潜航学员很快地掌握了"蓝鲸"号的操作。

按照实训计划,他们要下潜 8 次。为了减轻两名年轻人的心理压力,我让崔运璐跟随他们下潜,自己并没有到载人潜水器里面去,只是跟着母船同他们一起出航,我更关心更关注的是整个下潜的过程。下潜训练几乎是连续进行的,每次下潜前后都会讲评一下,既肯定成绩,也指出不足。经过三次下潜后,750 试验场负责培训他们的纪副主任说:"小伙子们现在可以独立操控'蓝鲸'号潜水器了。"这让我感到很意外。按我自己的理解可能到最后一次下潜,两个小伙子才有可能独立操控"蓝鲸"号,没想到来得这么快。

两名潜航学员很顺利地完成了实训任务。在他们最后一次下潜时,杨主任有意识地安排他们进行了一次真正的现场作业。两名小伙子也没有辜负杨主任的期望,交了一份合格的答卷,在实训中他们下潜到了 150 米的深度。通过实训他们操控载人潜水器的信心增强了,最重要的是不再对载人潜水器持有一种神秘感,减轻了心理上的压力。我认为他们心理上的成熟要比教会他们操控"蓝鲸号"完成一次实操作业更为重要。同样,我自己的收获也很大。我见识到了载人潜水器下潜前后的检查,载人潜水器装船、下潜、上浮和回收的过程,下潜后的通讯指挥,母船操控和水上水下的配合等过程。尤其是通过与杨主任他们的交流,使我对载人潜水器,对操控载人潜水器的人,对下潜指挥过程有了一个全新的感受和认识。尽管"蓝鲸"号不能与 7000 米载人潜水器相比,尽管载人潜水器的体积重量都要比我熟悉的"大洋一号"船上取样等舷外调查设备大得多,可是两者之间有很多互通的地方。

在我看来,收放载人潜水器与收放抓斗、钻机的作业步骤和作业流程有很多类似地方,只是潜水器重了一些,里面还坐着人。这也让我开始不再用一种神秘的眼光去看载人潜水器,不再感觉进行载人潜水器收放是一件多么很不容易的事。

两条老船的对决

载人潜水器本体建造进行得很顺利。随着载人潜水器本体装配的完成,水池试验的逐步深入,潜航学员培训也逐渐接近了尾声,现在已经开始讨论载人潜水器的各种实测问题。首先是水池试验与测试,然后是海上试验,各种实测是检验载人潜水器的重要一步,也是证明载人潜水器项目完成优劣的必要步骤。如何进行海上试验? 在经过反复调研和几次讨论后我们才开始逐渐地意识到要开展海上实测,载人潜水器试验母船①的选择和改装已经迫在眉睫。没有海试母船,载人潜水器本体根本就下不了海,它只能是一只旱鸭子,是一个展品,成不了"蛟龙"。载人潜水器最初并没有命名,"7000 米载人潜水器"是一个有助于立项的响亮又振奋人心的科学称呼,可是这样的称呼实在是太长了。在载人潜水器首次拖出建造车间准备进行水池试验前,有过一次有关名字的讨论,大家也给它起了一个小名。现在的载人潜水器有两个公开的名字,一个是由一次会议正式命名的"和谐"号,这个名字与动车重复,容易混淆,也反应不出深海的特质,并不是太好。后来又更名为"蛟龙"号,很容易让人想到"蛟龙入海"这句话。

载人潜水器试验母船首先应该是一条大型的海洋调查船。在我们大量建造海监船时,大型海洋调查船却随着船龄增高等一系列原因,数量在一步一步地减少。到了选择载人潜水器试验母船时,在国家海洋局系统内只有最早建造的"向阳红 14"船和"向阳红 09"船可供选择了。"向阳红 14"船隶属于南海分局,"向阳红 09"船隶属于北海分局,东海

---

① 　即进行海上试验用的母船,与潜水器母船并不完全一样。

分局早就已经没有远海海洋调查船了。哪一条船将被改造为载人潜水器试验母船？是南、北两个分局之间的竞争，这是一个既尴尬又无奈的局面。早在十多年前国家海洋局就已经缺乏海洋调查船了，尤其缺乏远洋调查船，当然也缺少海监执法船。总之，我们已经有好多年没有建造新的调查船舶，一直在使用着20世纪七八十年代建造的一批海洋调查船。经过近几年中国海监造船的努力，各个分局里各式各样的海监船的数量增加了几倍。在北海区海监船甚至多到了有船无人的地步，为此北海分局不得不暂时停航一些老龄船。可是，众多的海监船都属于近海航行的船舶，加满了油也跑不了多远，连第一岛链也越不过去，只能当看家护院来使用。不要说这些船的远洋调查能力，就是常规的断面调查也无能为力。在大量建造海监船的同时我们忽视了远洋调查船严重匮乏的现实，现在选不出载人潜水器试验母船也在情理之中，这是在为自己的短视埋单。

在国家海洋局系统内的各个分局，除了"大洋一号"船可以称得上是真正的远洋调查船外，"向阳红09"船和"向阳红14"船并不算是真正具有远洋作业能力的海洋调查船，可除此之外我们实在是没有其他船可选择了。假如改造"大洋一号"船作为载人潜水器的海试母船，从技术上是最好的，但相当于暂时放弃大洋深海资源勘探，这是杀鸡取卵，显然不是一个好的选择。购置和改造远洋拖船不失为一个好的想法，但要将远洋拖船改造成能容纳近百人的海试母船，等于将拖船改为客船，确实有一些难度，工程量也很大，不是一件容易做到的事情，也赶不上急于进行载人潜水器海试的研发节奏。在几难的情况下，在北海分局王志远局长和装备技术处王道顺处长的不懈努力下，我们最后还是选择了"向阳红09"船——这个近乎超龄的老船来执行载人潜水器海上试验。

2007年底，"向阳红09"船在上海立丰船厂开始进行为期接近一年的技术改装,安装海试与载人潜水器相关的各类设备,安装甲板收放装置,并进行了实验室改造。这条船龄已有 30 多年的纯正中国制造的远洋调查船,在临危受命执行大洋多金属结核资源勘察后的第 14 个年头,又肩负起载人潜水器海试的沉重任务,这或许也是它最后一项艰巨的使命。

要走的路还很长

接触过载人潜水器研制项目的人都清楚,载人潜水器只要超过目前潜水艇的下潜深度,下潜到几百米就会创造出新的中国载人深潜纪录,而做到这一点毋庸置疑。载人潜水器进展神速,这点与高铁有些相似之处。2009 年我们才刚刚开始尝试着进行 50 米、300 米和 1000 米海上试验,2010 年就完成了 3000 米级的海试,紧接着在 2011 年又进行了 5000 米级海试,2012 年我们圆满完成 7000 米级海试,这使中国载人深潜的下潜深度进入世界前列,一跃而居世界现有载人潜水器可作业下潜深度的首位。从 2000 年载人潜水器项目发起到 2004 年立项,从 2009 年开始海试到 2012 年 7000 米级海试成功,用十年磨一剑来形容载人潜水器并不为过,其中凝结了很多科研和工程技术人员的心血和不懈努力,这是一个鼓舞人心的成就。

世界上的载人深潜器有不少,我们现在赶了上去,在深度上开始有所超越,这值得欢呼,但不应该仅仅是雀跃和庆祝。因为,我们几十次的下潜与别人的成百上千次的下潜,与他们很多次的实际应用相比还有差距。我们的载人潜水器距离实际应用,距离国外的业务化运行还要很长的一段历程。比如:我们年轻的潜航员们,还不了解和熟悉携带的 CTD 仪器,也不清楚 ADCP 观测的准确含义,更不知道如何处理那些观测数据。这不是他们不努力，而是他们需要学的东西实在是太多了，时间有限，有些东西他们还没有来得及学习。如何运用载人潜水器？在载人潜水器下潜之前我们需要做些什么？对于这个运载体我们还需要进行哪些实用性改造？我们仍然需要继续耐心地去摸索。不经过几次实战，不经历过几次挫折我们是说不清楚也搞不明白的。要达到运用自如，恰到好处就更不是一件容易做到的事。

我们现在刚刚是开始，我们的潜航员还很年轻，他们在海洋里的实际下潜次数才几十次，加上水池试验也仅有百余次，几倍和十几倍地少于他们的世界同行们。现在我们仅是一名刚刚上路的"新手"，还是一只菜鸟，需要继续积累各方面的经验。我们的载人潜水器还存在一些缺陷，目前还没有多少好用的作业工具，还需要进一步地改进和完善。现在的海试母船与真正的载人潜水器工作母船差距还很大，我国真正的载人潜水器工作母船还没有开始设计建造，载人潜水器尚有待于被海洋科学家们所了解，所认识，所接受，然后才能开始投入到业务化运行之中。

现在的载人潜水器还仅是一个高技术的"模型"，说到底载人潜水器就是一种运载工具，这个工具能否成为我国深海探测作业设备链上的一个环节（尽管设备很值钱，但仅仅也就是一个环节），还有待于我们在实际使用中去验证。这些不是说一说试一试就可以实现的事，需要有一个过程，需要我们与科学家们一起摸索、探讨，这个过程可能需要一大段时间，我们要有足够的耐心去等待。在载人潜水器方面要有实质性的赶超，绝不是一朝一夕的事，我们要走的路还很长，很长。

海洋调查的思考

  在全球大洋深海里正展开一场争夺海底资源没有硝烟的大战。在当前和未来的海洋博弈中,我们要有一支"蓝色"的海洋科技正规军,要有能打大战的实力。

  我们需要从文化和哲学的角度去思考未来海洋调查和海洋调查装备的发展走向。

  我国海洋开发和利用有着悠久的历史和辉煌的成就。在《尚书立政》中便有华夏先民"方行天下,至于四海"的记载;郑和创造了七下西洋的壮举,提出了"国家欲富强,不可置海洋于不顾。财富取于海上,危险亦来自海上"的战略思想;郑若曾在《海防图论》中提出了"经略海上,区画周密"的海洋经略思想。但是,由于明末以来长期实行海禁政策,鸦片战争后国家海权丧失,中华民族是在奋力抗争、救亡图存的过程中形成了一系列海洋经略思想。

  由于各种因素的制约,我国的海洋开发和保护同世界上一些发达国家相比还存在很大差距——海洋科学技术整体水平还比较低，海洋开发尚处在粗放型阶段。21世纪是海洋的世纪已经成为世界各国的共识，伴随着经济全球化的不断发展，海洋资源与战略价值更加重要，尤其是《联合国海洋法公约》生效后，国际海洋秩序及其竞争方式和手段发生了深刻变革。在此背景下我们开始强调"拓展我们的海洋观念，要从战略高度去看待海洋"，这也顺应了世界发展潮流和大趋势。但是，到目前为止我国尚缺乏全面经略海洋的大战略，中国海洋战略构建亟待提升到大战略的高度来认识。

中国作为世界贸易大国，对海洋的依赖越来越大；作为海洋产业大国，我们对海洋的索取变得越来越多；作为海洋科技大国，认识海洋的愿望越来越强烈；作为海洋军事大国，我们的海洋忧患意识越来越深刻；作为海洋文化大国，我们对海洋的向往愈加急切。"走向海洋—走向大洋—走向深海"将成为中国海洋的必然出路。历史告诉我们，西方海洋文明是伴随着资本主义对外扩张发展起来，带有极强的掠夺性。与此相反，以中国为代表的东方海洋文化则展现出睦邻友好。郑和船队遍访亚非众国，没有掠夺当地财富，没有把那里变成自己的殖民地，而是尊重当地居民视他们为友邦，我们带去的是贸易、文化和友谊。在当今和未来的世界，这两种截然不同的海洋文化还会继续并存下去，但是碰撞和冲突难以完全避免。

地球是全人类的共同财产，是人类赖以生存的家园，海洋是全球生命支持系统中一个极重要的组成部分，同时也是人类获取蛋白质资源的宝库。为了全人类的生存和发展，我们必须进一步开发、利用和保护海洋。而要做到这一些，首先就要深入地了解、深刻地认识海洋，这就必须进行海洋调查。要进行海洋调查就要涉及海洋调查船，涉及海洋调查各类运载器和作业平台，涉及与海洋调查勘察技术和方法紧密相关的调查装备，涉及专业的海洋调查队伍。海洋调查技术装备的优劣与先进,海洋调查作业技术水平的高低,直接关系到我国在海洋和深海的竞争能力。

新中国的海洋事业经历了 66 年的成长、发展与壮大,其中薄弱、落后、尝试、近海和差距大致占据了约 40 年的时间。也就是说在约 60 %的时间里,我们处于落后状态,属于弱者。在很长一段时间里,我们一直热衷于游走在中国近海,而对"家底"却并不很清楚,现在我们又不得不疲于应对中国发展所带来的各种环境问题。长期得不到更新的海洋调查船,使我们走向大洋迈向深海步履艰难,就在国家加大投入建造一大批海监船时,因缺少战略思考仍没有瞄准"蓝军"。缺少技术,没有装备,空壳一样的中国海监船在应对 2011 年渤海溢油事件中所表现出的拙劣、尴尬与无奈让人遗憾。

国家海洋局北海分局是黄、渤海海洋环境监管部门,管辖着三省一市(山东、河北、辽宁、天津)的广阔海域。在这个区域里有中国海洋石油和胜利油田两个企业,追求利润最大化是市场经济运行的必然,事实已经证明让企业自觉地承担起社会和环境责任是很难实现的。监督不能仅仅是检查督促,要有监督检查的技术手段,要有技术实力为后盾。这种博弈不仅是权利和义务的对抗,也是能力和技术实力的较量。我们未知的、了解还不够深的海洋以及海洋环境污染等问题是一个巨大的未知领域,探索与发现是一个艰难的过程,不是可以轻易就能做好的事情。海洋调查是一场持久战,不能指望着靠打一场歼灭战来解决问题,要有长期作战的战略思考和资源储备。

海洋占有地球七成以上的表面积,世界上再有实力的国家现在也无法对海洋进行全面的勘察。多年以来,尽管人们付出了巨大努力,但调查和勘察过的海洋还是一小部分区域。数千米深的海水和巨大的压力以及陆地常用的光电技术在海水中的失效,为海洋装备技术发展带来了很大的难度和限制,阻碍了我们对海洋的了解和认识的程度。对海洋认知程度的不足，又反过来影响和限制了海洋基础理论的发展。在探测海洋尤其是深海的发现之旅中，我们需要基础理论的指导，需要以此引领海洋调查，否则我们将是在茫茫大海里捞针。新中国成立后，我国海洋调查才得以发展，在 60 多年里时进时退，说到底是因为我们把海洋调查和海洋观测视为了手段，把海洋调查设备研发视为是对一种技术甚至是一个装置的跟进，没有当作海洋研究的基础和根基，没有作为能力来对待，更没有好好思考和研究什么才是适合中国国情的海洋调查。我们需要一条什么样的海洋调查船，需要配套哪些设施，需要一支什么样的海洋调查队伍。这些问题一直在困扰着我们，即便是在载人潜水器海试中依然带有这些印记。在载人潜水器海试前，我们曾派出了由科学家和技术人员组成的联合下潜队，参加了美国"埃尔文号"的下潜航次。可是，当我们真的要自己开始下潜时，才发现其实没有学会指挥"多兵种"作战。尽管把载人潜水器本体、水面支持系统、母船都搞得很好，但没有仔细琢磨三个系统的合练。在载人潜水器的第一次南海海试中，我们遇到了很多难处，意外情况频发，甚至让人产生了放弃的念头，从实际意义上讲第一次南海海试是三者合练的磨合过程。

人类认识海洋是从点滴资料的积累开始的。海洋与天体运动、地壳运动、地球的大环境变化关系密切，决定了我们要长期积累历史观测资料，这些资料对理论研究有着极其重要的作用。1958 年以后，我们曾经极为重视长期观测资料的累积，定期的断面调查遍布我国沿海。后来由于形势和观念的变化让我们淡化了对积累长期观测资料的关注，不久我们便意识到海洋资料的优劣与多寡决定了产品品质。十几年之后，西北太平洋环境调查、908 专项调查、海洋基金共享调查航次再次开启了海洋调查的新阶段，大大推进了我国海洋调查活动。但在海洋科学研究中表现出的浮躁和对基础性工作的淡漠却没有从根本上得以改变,仍然影响着我国海洋事业的发展。任何科学都是一个从量变到质变的积累过程,累积是科学发展的最牢固基础,否则科学的基础就会变得薄弱、松散,建立在沙滩上的"科学"是不会出真正成果的,更不会出大成果。

海洋是巨大的,也是不可分割的,中国海洋事业的开拓者赫崇本先生很早就告诫和提醒了我们。海洋调查资料对于一个单位一个组织甚至是一个国家来说所获得的都很有限,仅是地球海洋的一个局部。但是"国家欲富强,不可置海洋于不顾。财富取于海,危险亦来自海上"。正是危险亦来自海上,海洋观测资料并不会在世界各国间实现真正的共享。然而,这不能够成为国内海洋观测资料共享率低的理由,改变低共享率的现状我们要付出极大的努力,要让我国的海洋科学家们做到"既有激烈竞争又能通力协作",还有很多的工作要做,这非一日之功,要持之以恒才有望改观。在海洋调查技术和装备研发方面我们同样忽视了基础性工作,过于关注所谓的"关键技术"和"创新",没有把创新植根于基础和传承之上,成了无源之水,无本之木。

我们在近海、在自己的家门口已经观测了近50年。近20年来我们大量引进了外国先进的海洋调查设备,世界上最好的海洋设备生产厂家一直都没有放松过对中国这个巨大的海洋设备市场的角逐。现在我们拥有了几乎最先进的海洋调查设备,但是对于近海我们还是认识得不太清楚,至少是认识不够系统和全面,缺乏持续完整的观测资料序列以及长期观测资料的积累。其原因是多方面的,但有一点不应该忽视,我们缺少海洋调查的专业技术队伍,没有能打大仗的主力军和正规化的大部队。因此,在近海海洋调查活动中我们只能是一支手持先进武器在海洋勘察市场上追逐利润的游击队。无论游击队多么强大,都解决不了大兵团作战问题。依靠这些零星的战斗即便是取得了一些"战果",仍不可能实现国家层面上的海洋战略意图,仍无法取得战略上的根本转变。

赫崇本先生 1958 年以"八个统一"为基点组织了我国第一次近海海洋大普查,这是在中国海洋调查与研究中具有里程碑意义的海洋调查活动。其思想精髓就是"要用统一的大兵团作战,来完成党和人民交给我们的历史任务,来实现中国海洋的大普查"。这位高瞻远瞩的海洋前辈,已经为我们指明了我国海洋调查的最基本套路。

探索未知世界不仅需要技术更需要理论指导,同时需要强有力的决策和推进力量。探测和寻找深海资源本身就带有战略意图,调查作业海域的布局就是一个大的战略构想,实现这个战略构想的是一次又一次的调查作业航次。在每一个具体的调查航次中,又针对不同的学科和探测目标分为几个航段,并由具体调查站位或勘察测线组成。支持整个航次运行的是人员交换,物资和仪器设备补给以及装备检修。一个航次的调查作业效率则在很大程度上取决于调查作业人员的技术素质和装备配置水平。探索海洋和搜索未知目标要在茫茫大海里提高发现的概率,这不是事先可以设计出来的,需要现场指挥按照实际情况做出正确的判断,进而做出进与退的决定。通常我们强调了对调查作业人员的培训,往往忽视了对调查作业指挥官的教育、培训和训练。这经常是我们达不到预期目标或难以真正实现战略意图的一个不可忽视的因素。我们不仅需要有训练"士兵"的"军校"(各类海洋学院),我们还要有培养高级"军官"的海洋调查指挥学院。在海洋调查的"蓝军"中,我们不仅急需"士兵",我们更加需要海洋调查作业的高级指挥官。因为,我们需要靠这些高级指挥官们去指挥大规模的正规战,要靠他们制订出更具战略意义的调查区域的探测和作业计划,并以此来实现我国海洋战略意图。

进行海洋调查需要一支队伍,纪律是保障一支队伍有战斗力的基本前提。一个海洋调查作业技术团队同样需要纪律,技术团队的纪律更多靠的是自觉,需要团队的每一个人自觉地用实现团队目标来约束自己的行为,这就是一个技术团队纪律的内涵。一个技术团队的纪律不是管教出来的,而是在实战中配合出来的一种默契,与其说是纪律不如称为一种风格。这种风格需要团队全体人员的共同维护。建立一种风格不易,保持一种风格有难度。因此团队需要团结,需要在工作中尤其是在艰难的工作中,更需要在荣誉面前能够始终保持团结一致,这是一个技术团队有战斗力的基础。所有的作风都是一种意志和意识的体现,作战不仅需要士兵们的战斗意志,也是指挥员之间意识的较量,海上调查同样需要,尽管这不是现场作业的全部,但在遇到难处时往往意志会起到意想不到的作用。

我喜欢看战争片尤其是"二战"纪录片,我也喜欢看《亮剑》这类电视连续剧。两个对立军事集团的指挥官用各自不同的理念和办法,使他们带领的部队都更加具有战斗力,他们用自己的行动和气质为其带领的部队注入了"军魂"。"海洋是不可分割的"。海不可分割,技术不可分割,能力不可分割,中国要走向大洋深海唯有齐心合力才能达到,中国的海洋调查和装备技术同样要走向深蓝。我认为我国海洋调查和装备技术发展的哲学命题是:

我们该从哪里开始? 之后我们又该如何入手?

后记

很多年来，我为没能给父亲留下一本书而感到遗憾，这也是母亲对我的期望。

2010年下半年，我决定动笔尝试着写下自己多年的经历，断断续续地写到今日已有三年多的时间了。我的妻子是第一位读者，也是第一个指出我的错误，提出自己看法和向我讲述读后感的人。就在初稿即将完成时，我有缘与《中国海洋报》青岛记者站站长，海洋报记者李明春谈及了文稿，他认为此稿对我国海洋调查有些意义，并认真阅读和修改了初稿，并给我提出了很多有益的建议、意见，更给予了我真诚而热心的鼓励。

孔老师（曾任山东省海水养殖研究所所长，现已退休）、海监北海总队张明山政委和北海分局党办潘杰主任极为认真地审阅了本书，他们在用词上和一些观点方面也给予了我很多指导，纠正了书中的一些错误。我的朋友和同事们为本书提供了很多海洋、大洋深海、南北极地和海洋调查作业的照片，丰富了本书的内容。在此我向他们一并深表谢意！

原本这是我想写给自己和我的孩子看的一本书。在开始动笔时，我只是感觉应该梳理一下自己几十年来在海洋调查中走过的历程，所以仅是沿着时间轴，说说我所经历的事情尤其是海上的事情，以及在这些过程中我的感受与感慨，并没有特意去组织文字，就让读者自己去体会吧。30年来，在我从事海洋调查、调查装备管理与研发的实践中感受到了不少东西，有很多是令人鼓舞和振奋的，也有一些经验和教训可以被后人借鉴，还有些是令我感到困惑和不解的。

于是，我常常思考这些事，想想我们到底应该如何去做海洋调查？为什么我们总是紧盯着近海？是什么让我们走向大洋深海步履艰难？又是什么使海洋调查装备的研发，甚至是建造海洋调查船走弯路？我自问自答地思考着、记录着，试图从文化和哲学的角度而不是从技术层面上来找出答案。

正是由于出自这样一个角度，所以，在书中很多地方我并没有掩饰我的观点和看法，我的一些见解甚至有可能是错误的。在语句上我直言不讳，带着当年安装多波束时"无知者无畏"的味道，也留有写《"大洋一号"船整体优化技术方案》时的印记，但这恰恰就是我真实的经历、感受和体会，是我自己思考的真实记录，我相信"物竞天择"的自然法则。

北海分局非军人的老一辈海洋调查工作者曾给予我们这些年轻人无私的言传身教，每当我现在回想起来，依然是历历在目。他们的敬业精神和崇高的职业道德，他们敬畏大自然，尊重科学的严谨工作作风，他们用自己的实践和智慧创造出的海洋调查方法、海洋调查作业规则和海洋调查技术装备，都是留给新一代海洋调查从业者们的宝贵财富。这些都需要后人继续传承和发扬下去，这是我国海洋调查走向世界，走向世界前列的根基。

假如，我写的这点东西能够反映出老一辈海洋工作者们和我见到的"军人"们当年的"精气神"；假如，以此能够帮助新一代海洋调查从业者和向往了解海洋(深海)未知世界的孩子们对海洋、对远洋深海、对我国的海洋调查事业产生一点兴趣;假如,能够使得人们对大自然的敬畏之心、尊重科学和践行科学得以继续传承下去并发扬光大,这就是让我感到最欣慰和最高兴的事了。

吉国

2014 年 1 月 30 日于济南